Le monde des PAVAGES

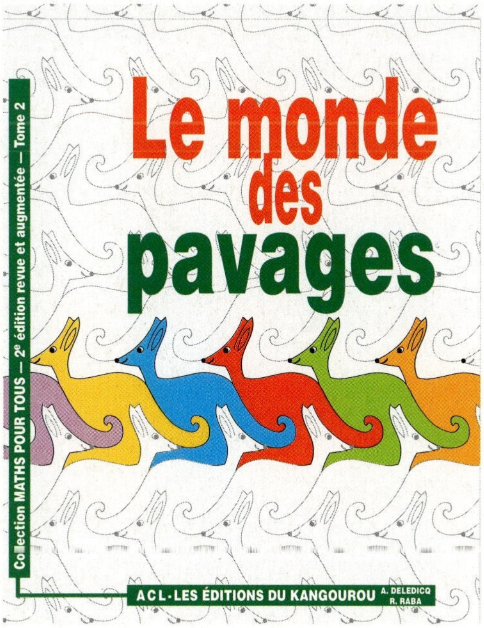

André DELEDICQ
Raoul RABA

ACL - Les Éditions du Kangourou

Sommaire

Ce petit livre est destiné aux jeunes de 9 à 99 ans qui se sont passionnés, se passionnent ou se passionneront pour les pavages périodiques du plan.
Il est complété par le bel ouvrage de **Raoul Raba** paru aux mêmes éditions : ***Le zoo mathématique***.

® Le monde des pavages
Mise en page : F. Casiro

Avril 1997
ISBN : 2-87694-027-2

Les transformations géométriques du plan

Les principaux acteurs de cette brochure sont des transformations géométriques du plan.
En particulier les suivantes :

Nous avons résumé page suivante ce qu'il vaut mieux savoir sur ces quatre transformations.

TRANSLATION

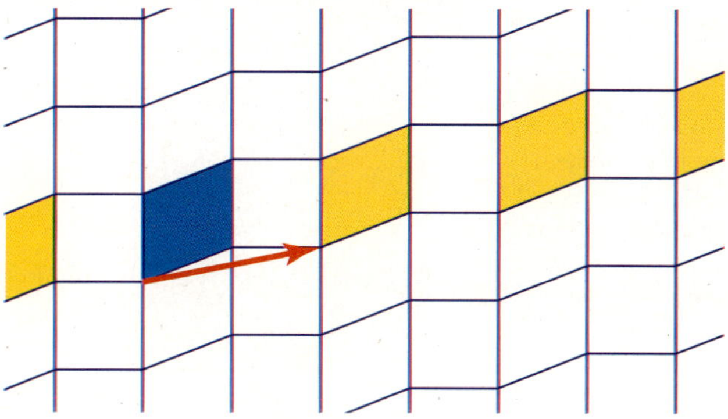

RÉFLEXION

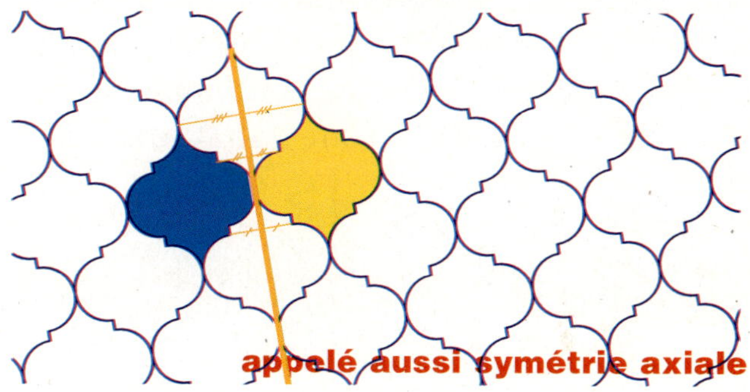

appelé aussi symétrie axiale

ROTATION

1/2-tour, appelé aussi symétrie centrale

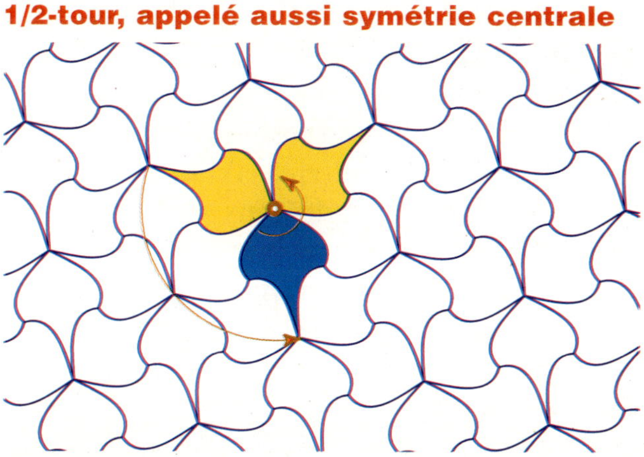

1/3-tour, ...

GLISSAGE

Cette transformation est une translation suivie ou précédée d'une réflexion d'axe parallèle au vecteur de translation. On l'appelle aussi "vissage".

La répétition de telles transformations sur des "figures", de formes plus ou moins bizarres, nous intéressent ici ; surtout lorsqu'elles "pavent" le plan sans "trous", ni "recrouvement"....
Précisément, nous étudierons d'abord les dessins qu'une certaine translation laissent invariants (on les appellent des **FRISES**) ; puis ceux que deux translations indépendantes laissent invariants (on les appelle des **PAVAGES RÉGULIERS**).

Le groupe des isométries du plan

Les transformations géométriques du plan qui ne changent ni la forme ni les mesures des objets sont appelées **isométries** (du grec *iso* [même] et *metron* [mesure]. Ces transformations ont des propriétés simples mais importantes :

- On peut les faire se succéder l'une après l'autre, comme dans la figure ci-dessous. Les mathématiciens disent qu'on les **compose** ; et ils notent T ∘ S (té rond esse) la transformation composée de la transformation S suivie de la transformation T.
- Il existe une transformation, notée I, qui consiste à ne rien transformer du tout. Penser à "I" comme "Immobilité". Les mathématiciens appellent **Identité** cette transformation.

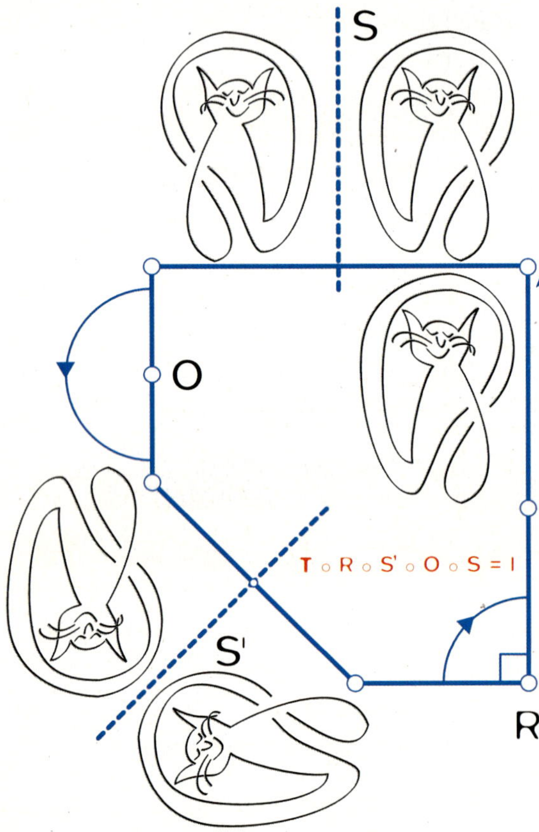

- Chaque transformation admet une transformation **inverse** qui remet en place ce que la première a transformé. Les mathématiciens notent T^{-1} la transformation inverse de T. Ainsi dans la figure ci-dessus, on a

$$T^{-1} = R \circ S' \circ O \circ S.$$

En mathématique, on dit que ces transformations forment un GROUPE pour l'opération de composition.

- On démontre que toutes les isométries du plan sont de 4 types : ce sont ceux que l'on a illustré à la page précédente.
- **La succession de deux symétries axiales est une translation ou une rotation**.

Si les axes de S_1 et S_2 se coupent en O, alors $S_2 \circ S_1$ est la rotation de centre O et d'angle égal au double de celui des axes de symétrie

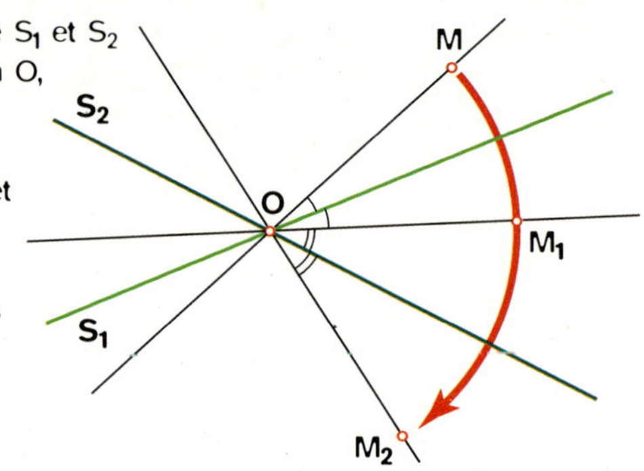

Si les axes de S_1 et S_2 sont parallèles, alors $S_2 \circ S_1$ est la translation de vecteur double de celui qui envoie S_1 sur S_2

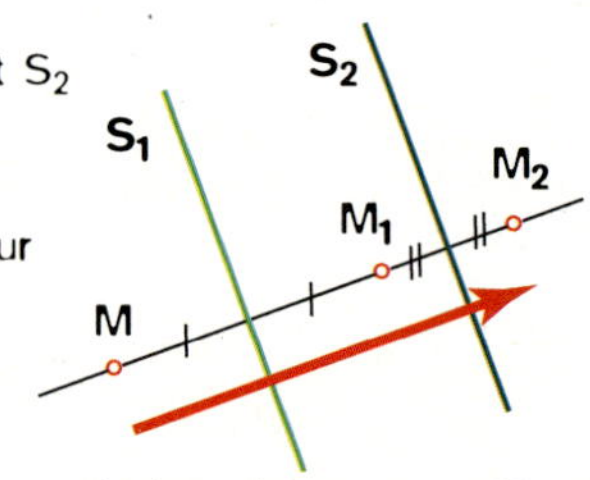

- Une symétrie axiale changent l'orientation des cercles. On dit que la symétrie axiale est une **isométrie indirecte** (ou **anti-déplacement**).

- Une succession de deux symétries axiales ne changent donc pas l'orientation : les translations et les rotations conservent donc l'orientation (on les appellent **isométries directes** ou **déplacements**). Les successions de rotation et/ou de translations équivalent à une seule rotation ou translation ; une succession de quatre symétries axiales équivaut donc à une succession de deux seulement.
- Une succession de trois symétries axiales change l'orientation et équivaut à la succession d'une symétrie axiale et d'une translation de vecteur "parallèle" à l'axe de la symétrie (c'est un **glissage**).

Finalement : **Les symétries axiales "engendrent" toutes les isométries du plan.**

La fée Symétrie

Il était une fois un quadrilatère. Il n'aimait pas sa forme irrégulière. Un jour qu'il en discutait avec quelques amis de forme un peu bizarre, ils penchèrent tristement la tête vers le sol ; et il virent un magnifique plancher bien régulier et **doublement périodique** : aussi loin qu'on le regardait, dans les deux directions du plan(cher), les carrés s'alignaient dans un agencement parfait…

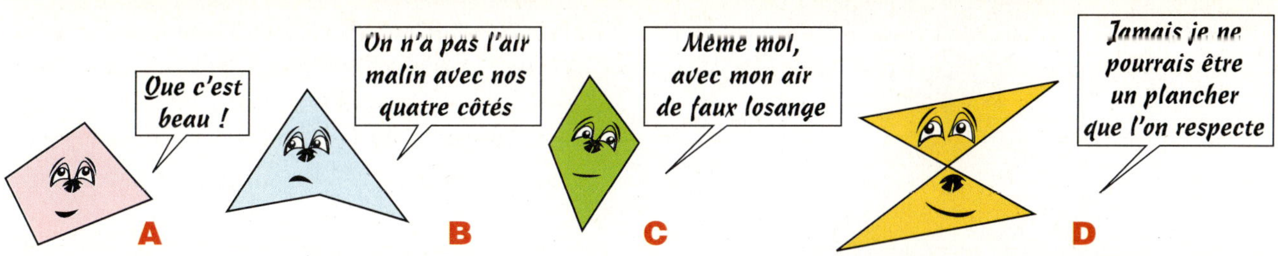

Et puis ils s'aperçurent qu'il existait des **pavages** fabriqués avec des quadrilatères moins réguliers que les carrés : des rectangles et même des parallélogrammes.

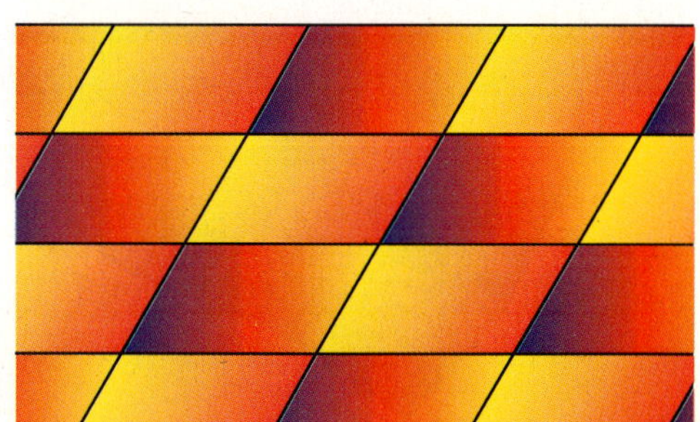

Et voilà qu'un carreleur malicieux s'était un jour amusé à partager en deux chaque parallélogramme.
Nos quatre bonhommes observaient les beaux triangles ainsi formés lorsque l'un d'eux eut un éclair de génie.

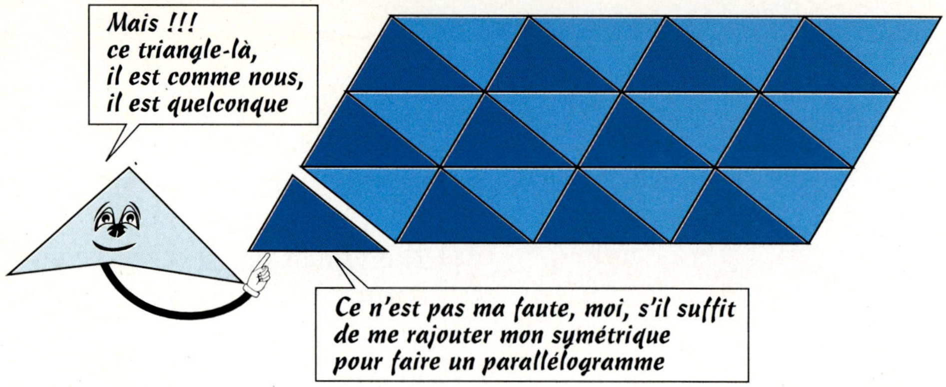

Et la fée Symétrie, sur le modèle du triangle quelconque, se mit à transformer l'un des quadrilatères en pointant sa baguette (*) successivement sur les milieux de chacun de ses côtés…

(*) Aujourd'hui les fées préfèrent les rayons laser.

Ainsi naquit un remarquable pavage régulier et doublement périodique dont le motif de base n'était pourtant qu'un pauvre quadrilatère quelconque.

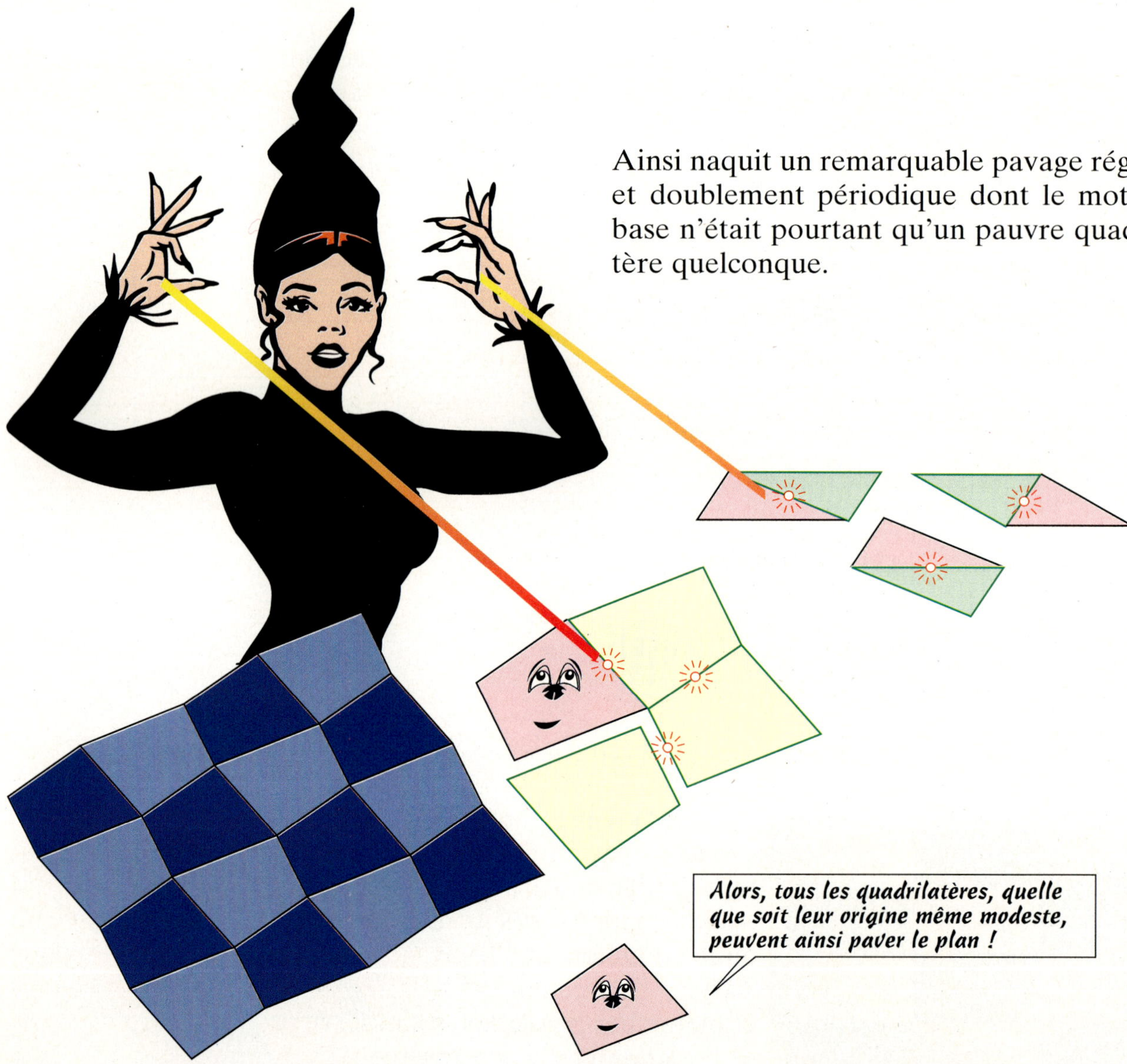

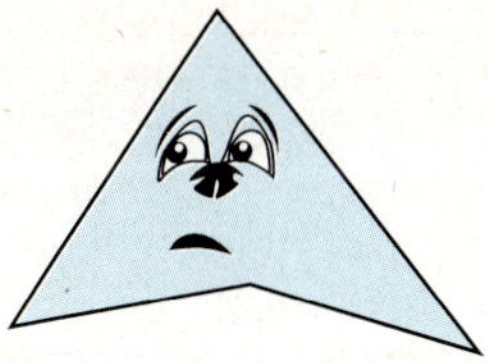

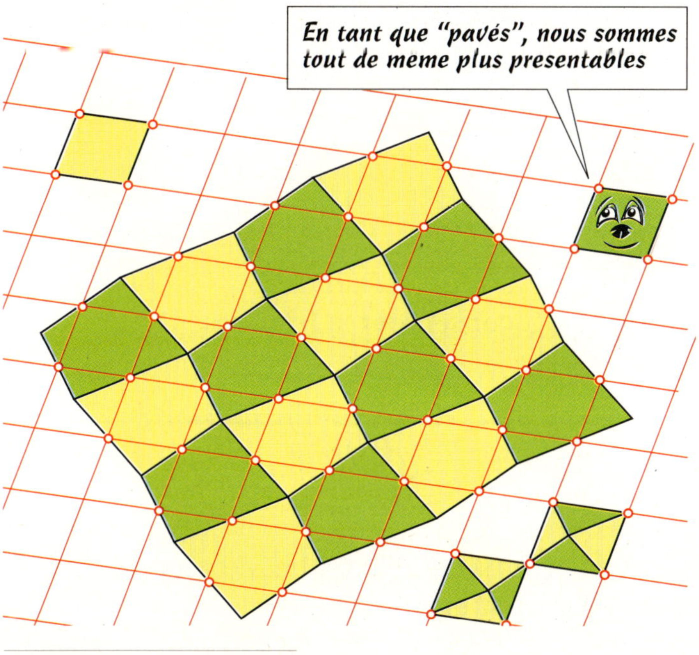

En fait, en joignant tous les centres de symétrie de tels pavages on retrouve le plancher de parallélogrammes.
Et justement, les pavages réguliers doublement périodiques (qui sont ceux qui nous intéressent ici) ne sont en fait que des pavages de parallélogrammes dans lesquels la fée Symétrie, (ou ses sœurs) ont pu s'amuser à introduire des régularités supplémentaires.

Les 7 familles de frises

Une frise est une "bande" dessinée obtenue en reproduisant un dessin de base par **translations** successives. Une frise, supposée indéfiniment prolongée à droite et à gauche, est donc un dessin **invariant** par toute translation "multiple" d'une translation donnée.

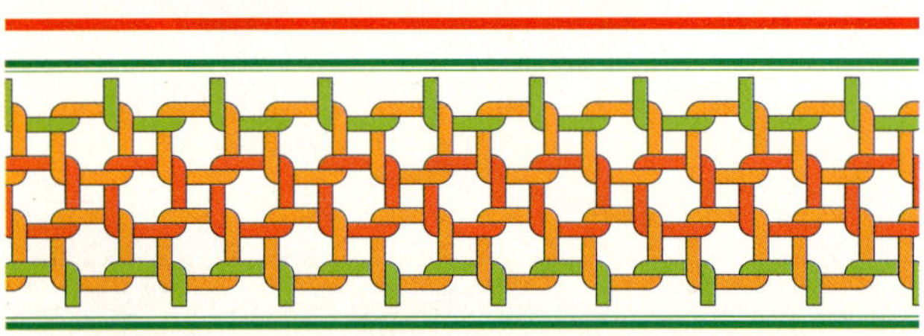

En observant certaines frises, on remarque l'existence de symétries, de demi-tours ou de glissages qui conservent aussi la frise.

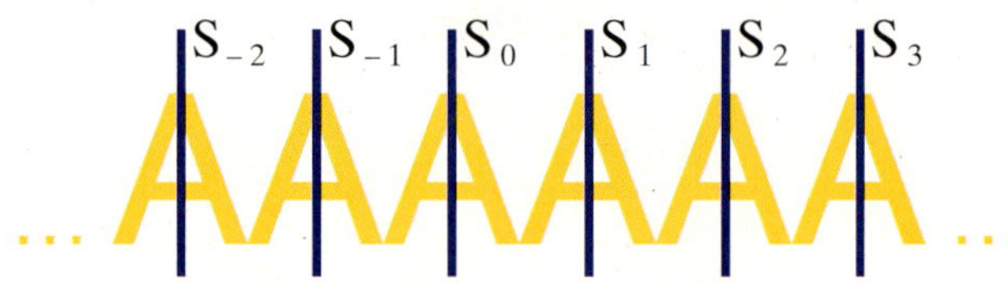

Les symétries d'axes … S_{-2}, S_{-1}, S_0, S_1, S_2, S_3, … **conservent** la frise des A.

La symétrie d'axe M **conserve** la frise des E.

Les demi-tours de centre O_1, O_2, O_3, O_4, O_5, O_6, **conservent** la frise des N.

Les "*glissages*" d'axe M et de vecteur 1/2 $\vec{t}$ **conservent** la frise des L.

Pour chaque frise, vous pouvez dessiner sur un calque les éléments (axes, centres ou vecteurs) caractéristiques des transformations géométriques qui conservent la frise :
En effectuant ce travail pour toutes les frises du monde, vous obtiendrez un certain nombre de calques ; rangez alors dans une même boîte les calques identiques (à un agrandissement près). Le résultat de ce rangement traduit un énoncé mathématique surprenant : pour classer tous les calques possibles, il suffit de 7 boîtes.

Les pages 10 et 11 donnent la description des **7 familles de frises**.
Pour chacune de ces familles, nous donnons :
— un **nom** “imagé” facile à retenir et un nom abrégé ;
— le **rectangle de base** (trâmé vert pale) qui engendre la frise par translations successives ;
— l’**ensemble des transformations** géométriques qui conservent cette frise ;
— un **motif minimal** suffisant pour reconstituer cette frise grâce à l’action de ces transformations géométriques (en noir).

Dans le dessin ci-contre, un trait relie une famille à une autre lorsque l’ensemble des transformations associées à l’une est inclus dans l’ensemble des transformations associées à l’autre.

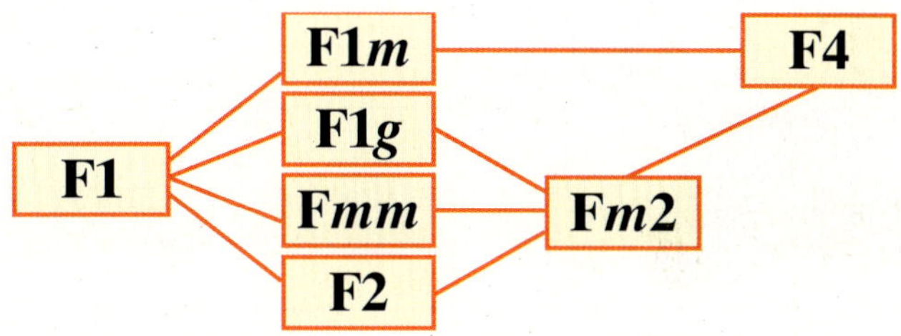

À vous de jouer ! Reconnaissez les familles de chacune des frises de la page 8, de cette page et de toutes celles que vous pourrez trouver dessinées ou scultées autour de vous…

La frise monotone

F1.

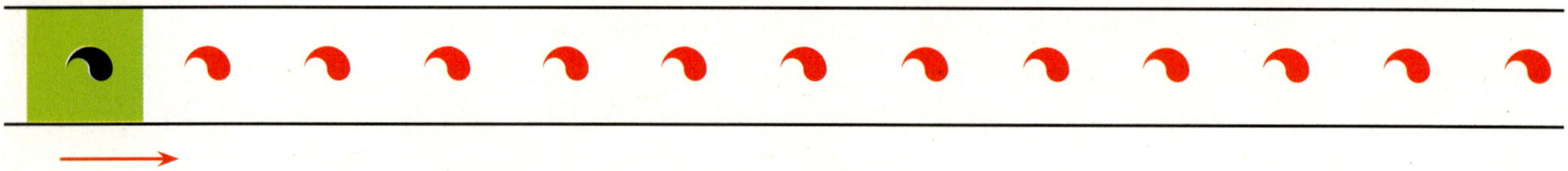

Transformations conservant la frise : une famille de **translations**.

La frise de Narcisse

F1*m*.

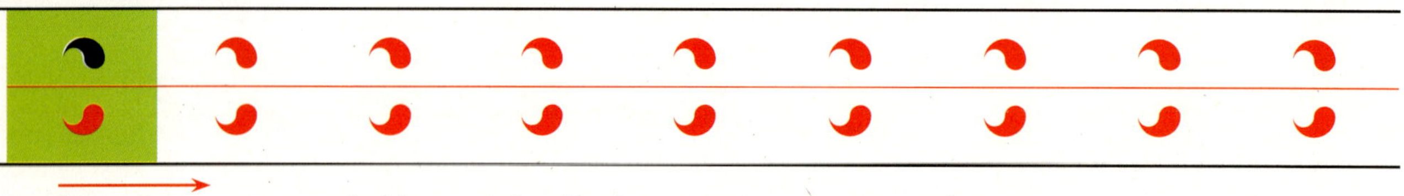

Transformations conservant la frise : une famille de **translations** et une **symétrie d'axe horizontal** (Narcisse aimait voir son image se refléter sur le miroir de l'eau claire).

La frise de Charlot

F1*g*.

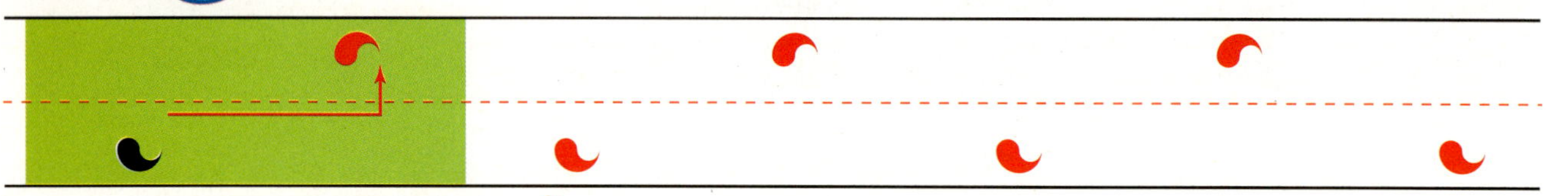

Transformations conservant la frise : une famille de **translations** et une famille de **glissages** (comme la trace des pas de Charlot).

La frise de Figaro

F*mm*.

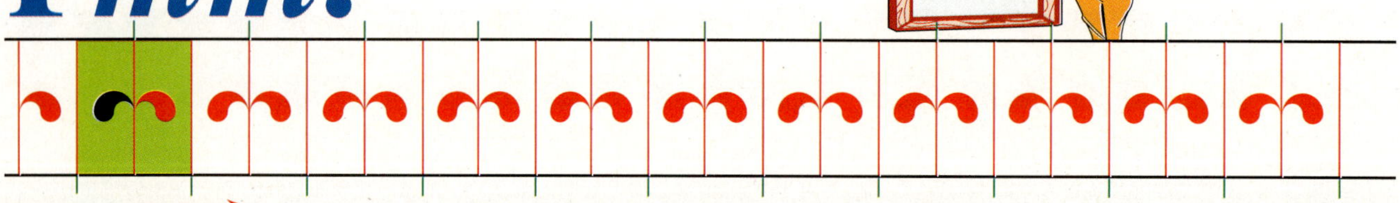

Transformations conservant la frise : une famille de **translations** et **deux familles d'axes de symétrie verticaux** (chez un coiffeur il y a souvent deux miroirs face à face réflétant indéfiniment l'avant et l'arrière de votre coiffure).

La frise d'Hélène

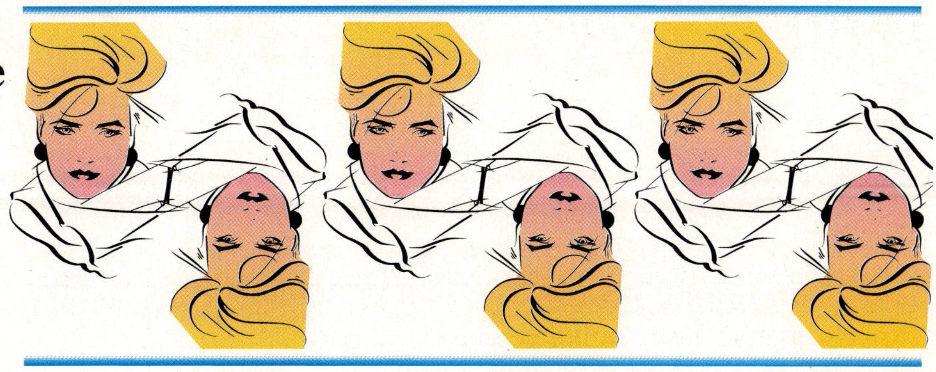

F2.

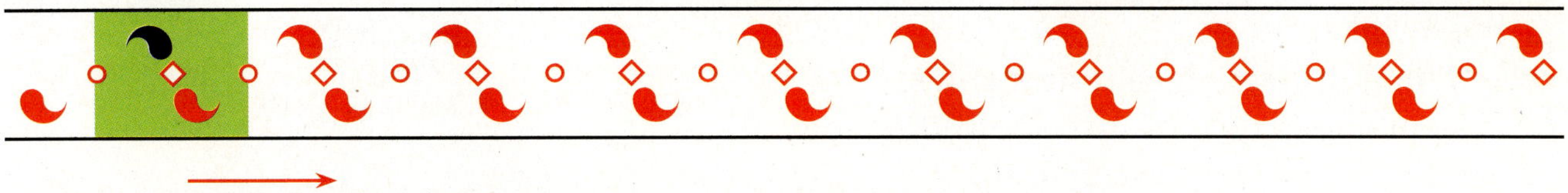

Transformations conservant la frise : une famille de **translations** et **deux familles de demi-tours** (les “Grecques” sont des frises de ce type et Hélène n'est-elle pas la plus connue des Hellènes ?).

La frise du serpent

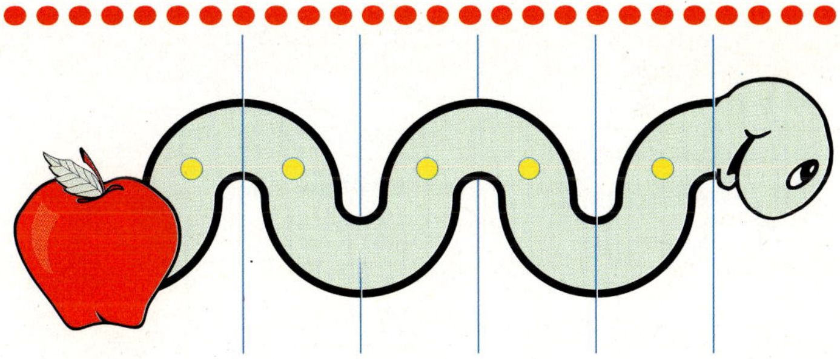

F*m*2.

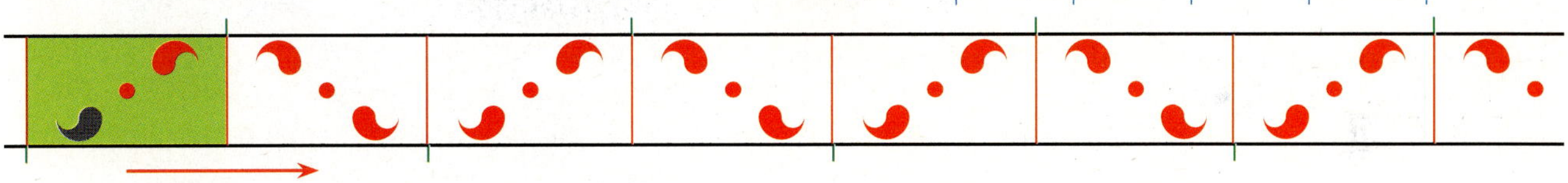

Transformations conservant la frise : une famille de **translations**, **deux familles de symétries axiales** et une **famille de demi-tours** (comme un serpent sinusoïdal qui alterne l'une et l'autre).

La frise cartésienne

F4.

Transformations conservant la frise : une famille de **translations**, d**eux familles de symétries axiales** et **deux familles de demi-tours** (comme un quadrillage cartésien dessiné dans une bande du plan).

Les pavages de polygones réguliers

Les pavages de Platon

Supposons que l'on veuille recouvrir le plan de carreaux ayant tous la même taille et la même forme :
celle d'un polygone régulier de *n* côtés,
les assemblages devant être identiques en chaque coin de chaque carreau.

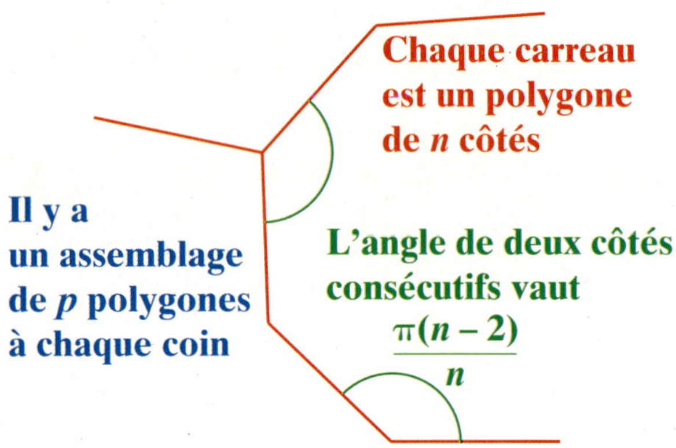

S'il y a p polygones assemblés en un coin, on doit donc avoir $p\,\frac{\pi(n-2)}{n} = 2\pi$

soit, en divisant par $2\pi p$: $\frac{1}{2} = \frac{1}{p} + \frac{1}{n}$.

Or les nombres p et n valent au moins 3 ; pour $p = 3$, n vaut donc 6 et pour $n = 3$, p vaut 6.
Ensuite, lorsque p et n dépassent 4, la relation ne peut plus être vérifiée par des nombres entiers car $\frac{1}{p} + \frac{1}{n}$ est plus petit que $\frac{1}{2}$.

Il n'existe donc que trois pavages vérifiant les conditions imposées.
Les **carrés** ($p = 4$ et $n = 4$).
Les **triangles équilatéraux** ($p = 6$ et $n = 3$).
Les **hexagones réguliers** ($p = 3$ et $n = 6$).
Les suites de nombres figurant entre parenthèses indique les nombres de côtés des polygones touchant chaque sommet.

(3, 3, 3, 3, 3, 3)

(4, 4, 4, 4)

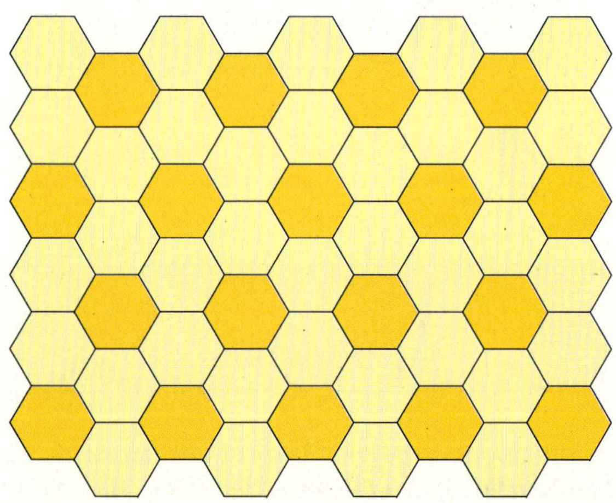

(6, 6, 6)

Méfiez-vous des imitations !

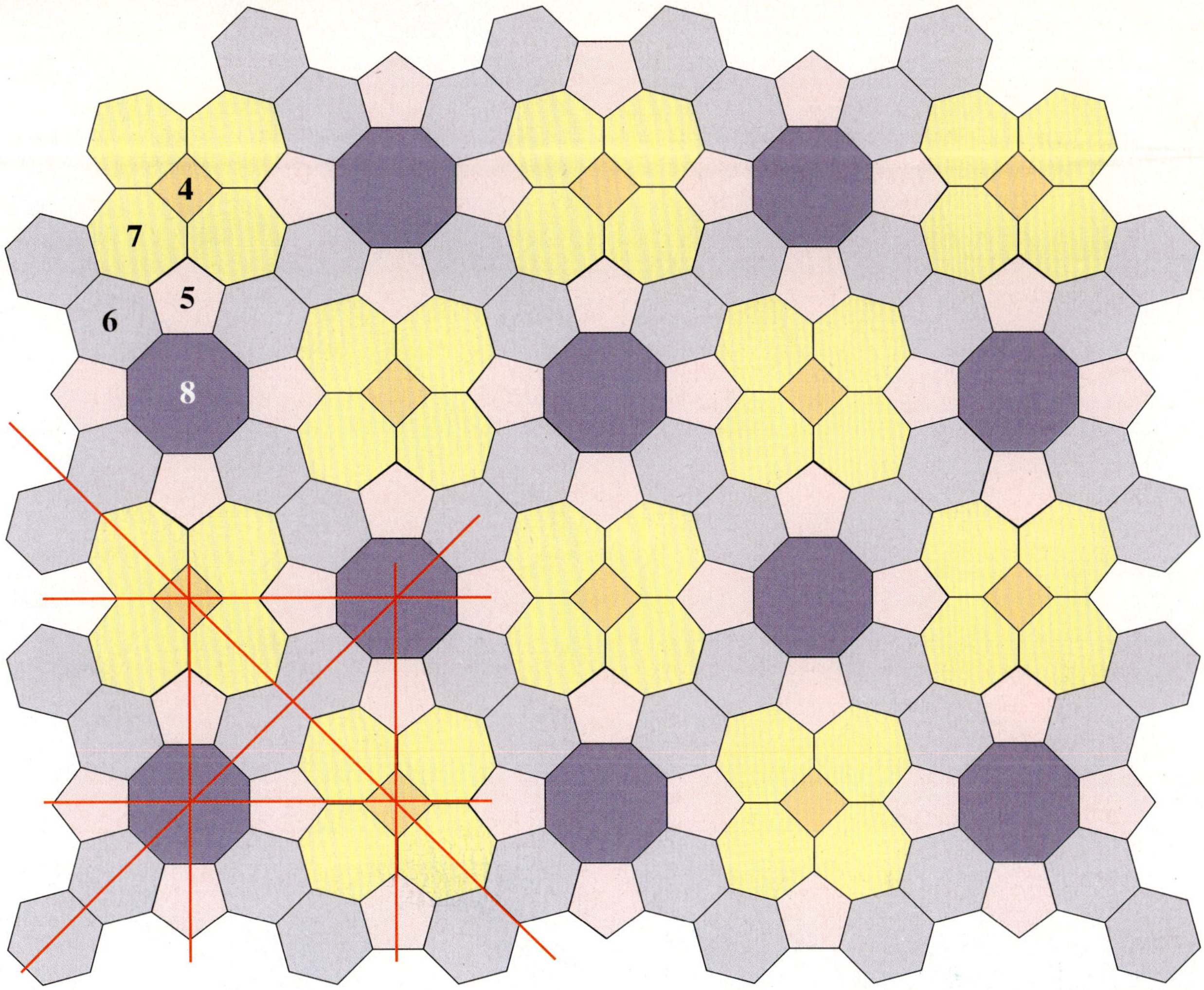

Le pavage ci-contre semble composé de polygones réguliers. Cependant, s'il s'agit bien d'un magnifique pavage du type "carré totalement symétrique" (voir page xx), il n'est pas constitué de polygones vraiment réguliers. Vous le constaterez en démontrant que les angles de l'heptagone jaune, par exemple, ne sont pas tous égaux.

Maintenant, **quels sont les pavages du plan composés de polygones réguliers mais éventuellement différents ?**
Sous les deux conditions suivantes (*non-décalage* et *coins identiques*), on montre qu'il n'y a que *huit* sortes de tels pavages !

Nous les avons dessinés sur les deux pages suivantes, en indiquant, pour chacun, la suite des nombres des côtés des polygones touchant chaque sommet.

Condition de non-décalage
Aucun sommet de polygone ne se trouve sur le côté d'un autre.
Le pavage ci-contre ne vérifie pas cette condition.

Condition des coins identiques
La configuration autour de chaque sommet est la même.
Le pavage ci-contre ne vérifie pas cette condition.

(3, 3, 3, 3, 6)

(3, 3, 3, 4, 4)

(3, 3, 4, 3, 4)

(3, 4, 6, 4)

(3, 6, 3, 6)

(3, 12, 12)

(4, 6, 12)

(4, 8, 8)

Comment regarder un pavage ?

Les dessins auxquels nous nous intéressons, sous le nom de pavages, dans cette brochure, sont caractérisés par la propriété suivante :
Il existe deux translations indépendantes qui conserveraient le dessin si celui-ci était indéfiniment prolongé dans le plan tout entier. Ces deux translations définissent un **parallélogramme de base**.
Pour chacun d'eux, comme vous l'avez fait pour les frises page 9, vous pourriez dessiner sur un calque la **trame** des isométries qui le conservent .

Le résultat fantastique est le suivant : *en mettant dans une même boîte les calques sur lesquels figurent les mêmes isométries, on n'a besoin que de 17 boîtes pour les ranger tous.*

Tous les pavages du monde peuvent donc se classer en 17 familles. Des représentants de ces 17 familles sont exposés pages 34 à 46, assortis de

- leur **nom** scientifique et leur nom abrégé,
- leur **parallélogramme de base**, tramé en vert clair
- leur "**trame d'isométries**" dessinée et explicitée en français,
- un **motif minimal** suffisant pour reconstituer tout le pavage par rotations, symétries et/ou translations à partir de lui,

D'une certaine façon, on pourrait dire que le pavage (P) est le **produit** du motif minimal (M) **multiplié** par le groupe des isométries (G) constituant la trame du pavage.

$$P = M \times G,$$

et on peut même rêver à des mathématiques dans lesquelles le groupe d'isométries G serait le **quotient** du pavage par son motif minimal. Heureux ceux pour qui ce rêve deviendra réalité !

La **reconnaissance** et le **classement** de ces 17 types de pavages n'est pas difficile si on se pose les bonnes questions que voici :

- Le dessin est-il identique à son image dans un miroir ?

■ Si non, y a-t-il des rotations qui le conservent ?
Les plus "petites" de ces rotations sont-elles des demis, tiers, quarts ou sixièmes de tour ou l'identité ?
Nous appelons ces types R_2, R_3, R_4, R_6 ou bien R_0.

■ Si oui, quel est le nombre de directions des axes de symétrie ?
Nous donnons alors au type de pavage un nom commençant par M_i (i peut valoir 0, 1, 2, 3, 4 ou 6).
Observez alors s'il existe, entre les mailles de ces axes, des rotations conservant le dessin :
— S'il y en a, d'angle minimal $1/j$-tour, nous donnons à ce type le nom M_iR_j (j peut valoir 0, 2, 3, 4 ou 6).
— S'il n'y en pas, le nom est exactement M_j, sauf pour M_0, que nous appelons parfois M_{0g} (le zéro marque l'absence d'un axe de symétrie et le g marque la présence d'un glissage), et pour M_1 qui se décline en M_{1g} ou M_1 selon la présence d'un glissage ou non.

Le tableau de la page 47 reprend cet "algorithme" de reconnaissance.

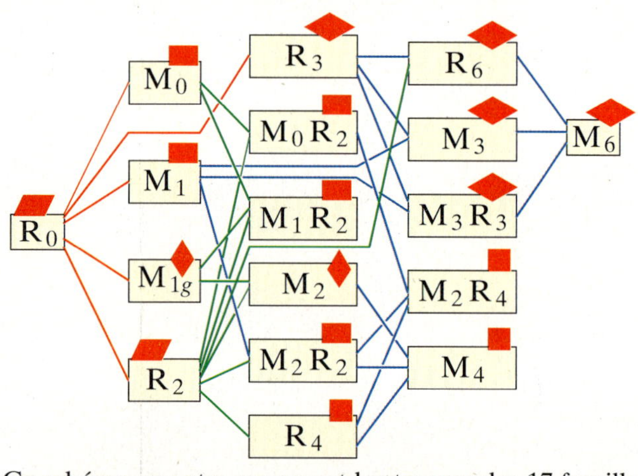

Ce schéma montre comment les trames des 17 familles s'emboîtent les uns dans les autres et quelle est la forme de leur parallélogramme de base (quelconque ▰, losange ♦, rectangle ▬, carré ■, double triangle équilatéral ◆).

Cornet fabriqué en recollant les deux côtés égaux d'un triangle isocèle d'angle au sommet 120°

Pour bien regarder et comprendre un pavage, il est intéressant de suivre l'itinéraire suivant :

1. Repérer **deux** "plus petites" **translations** indépendantes qui le conservent.
Si le dessin est compliqué, elles apparaissent mieux en coloriant les motifs semblables qui se présentent dans les mêmes directions.
Note : De très nombreux couples de translations sont ainsi repérables et pourraient être promus au rang de "translations de base".

1. bis. Reconnaître un **parallélogramme de base**.
Note : Il pourrait se placer n'importe où dans le dessin.

2. Repérer les **axes de symétrie** (ou de **glissages**).
Note : Pour reconnaître les glissages, le coloriage de deux figures voisines est souvent utile.
À gauche, on repère 3 directions d'axes de symétrie ; le nom de ce type de pavage commence par M3.

3. Repérer les **centres de symétrie** ou de **rotations**. S'il y a déjà des axes de symétrie, ne recherchez plus que ceux qui sont *entre les mailles* de ces axes.
À gauche, il y a un centre de rotation d'ordre 3 entre les mailles. Il s'agit d'un pavage de type M3R3.

4. Isoler un **motif minimal** du pavage.

Dans les pages 30 à 46, on indique l'objet associé à ce motif minimal quand on tient compte de ces bords et qu'on en recolle les parties qui se correspondent par une isométrie ; ceux de ces objets qui peuvent donner lieu à une technique simple de construction par découpage (voir page 18 à 27) sont signalés par l'image de ciseaux.

Comment réaliser un pavage ?

Au chevet de l'église de Selommes en Vendômois (ci-contre), l'appareillage des pierres semble un début de catalogue : six pavages différents y sont reconnaissables.
Les briques y ont la forme de polygones simples comme ceux des pages 12 à 15.
Dessiner des pavages plus artistiques n'est pas aussi facile. Mais il existe des techniques très simples pour les débutants en pavages figuratifs...

Le truc de la déformation

La technique la plus évidente consiste à partir d'un pavage existant et à le déformer en essayant d'y introduire des formes que l'on voudrait voir apparaître dans le dessin final. En voici deux exemples dérivés d'un pavage de parallélogrammes de type R0 (voir page 30) ; le dessin de gauche aboutit à une forme compliquée non figurative, celui de droite, à la tête d'un mouton.

Dessinez un parallélogramme.

Déformez l'un des côtés du parallélogramme et déformez "parallèlement" le côté opposé…
…en essayant de faire apparaître une forme intéressante

Déformez alors de même les autres côtés opposés du parallélogramme (ou bien seulement une partie de ses côtés si la première déformation est venue empiéter dessus).

On dispose alors d'un pavé qu'il suffit de répéter dans les deux directions du plan.

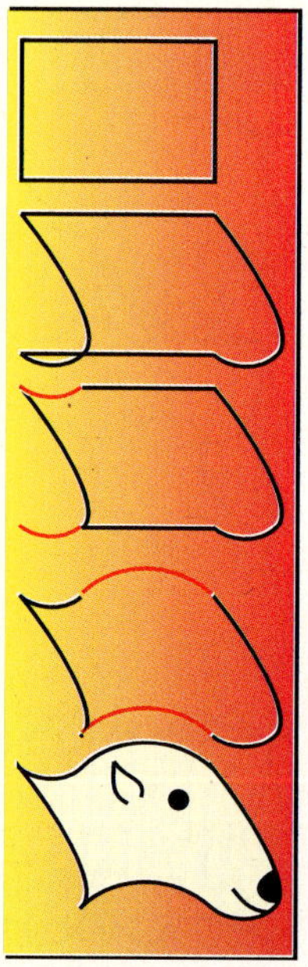

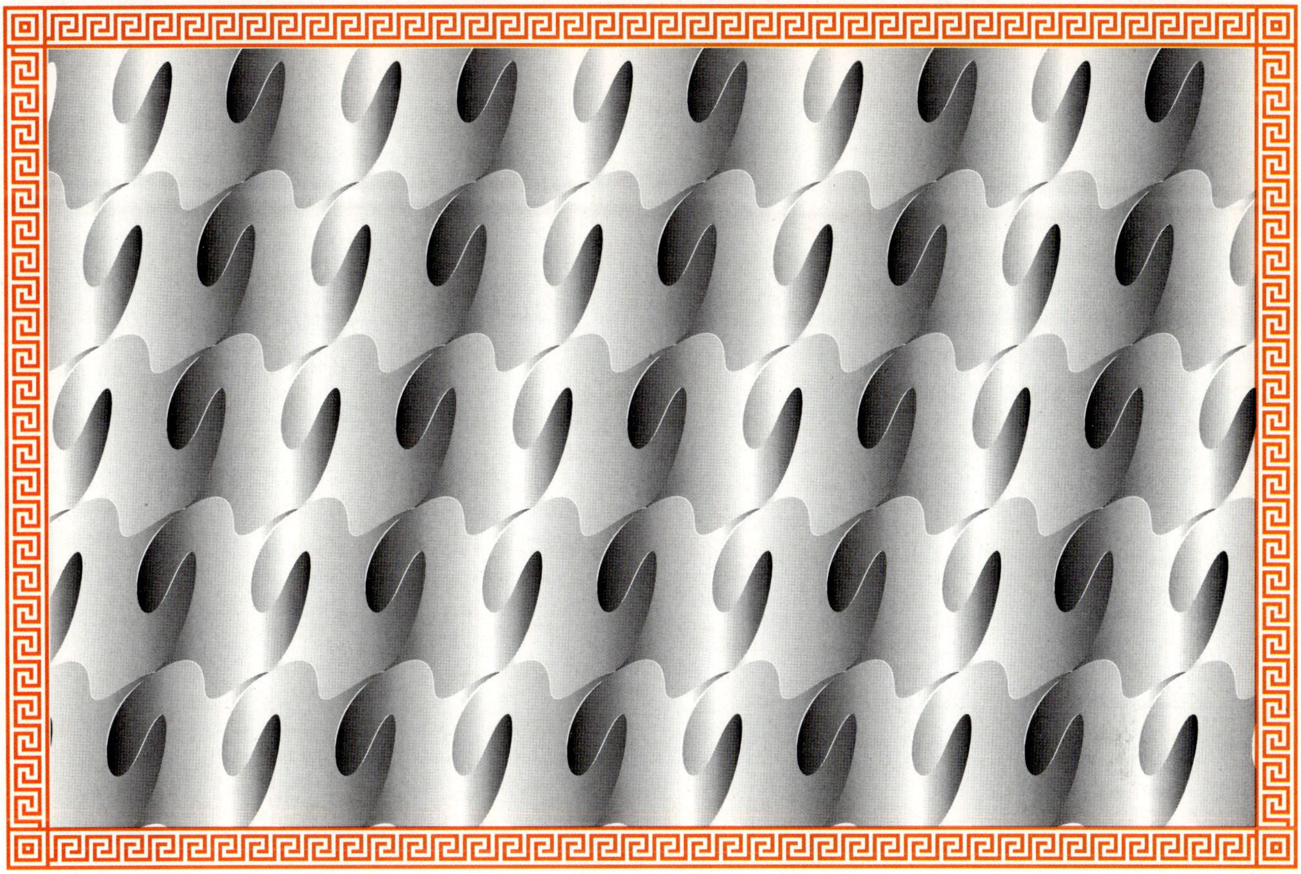

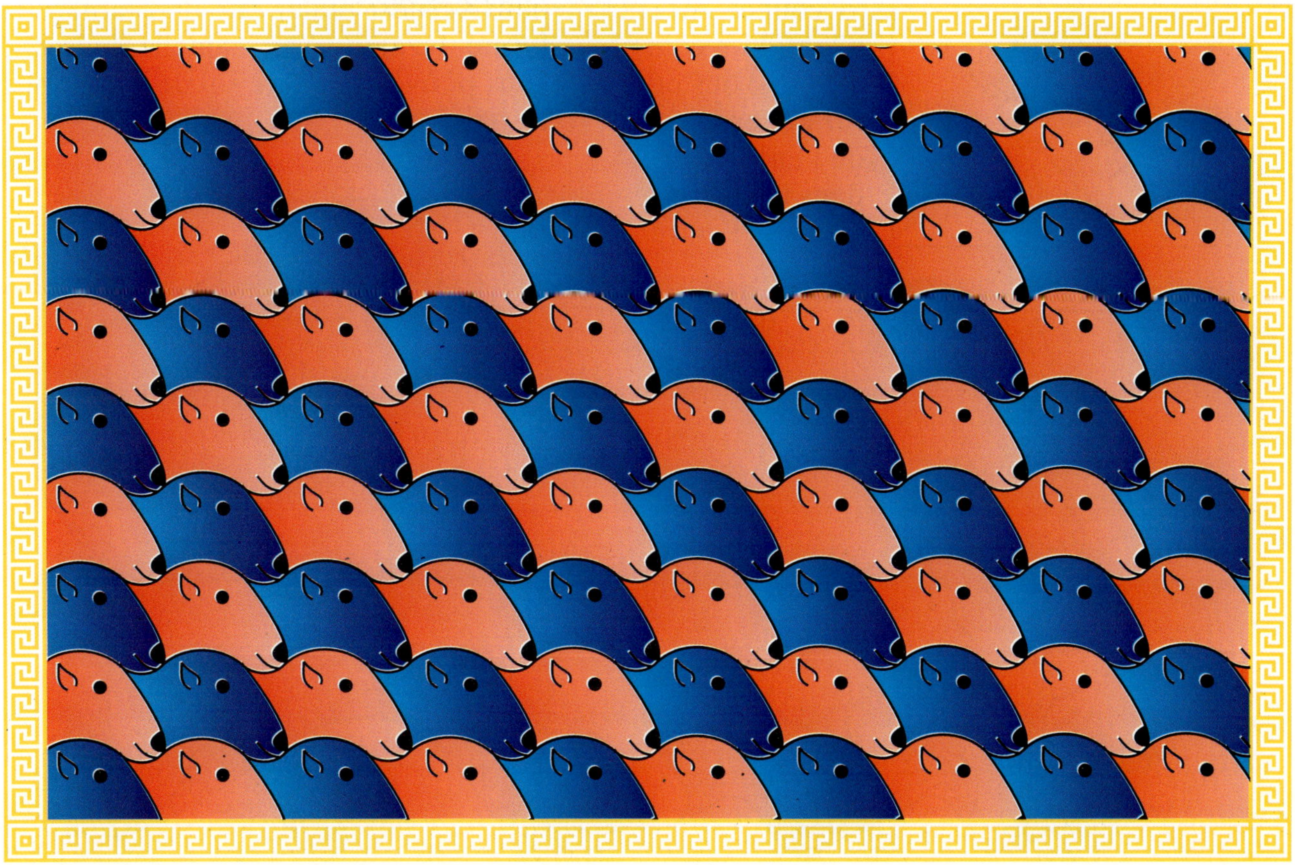

Le truc de l'enveloppe

Le truc le plus extraordinaire pour créer des pavages est aussi simple que surprenant.

1 Prenez une enveloppe pour envoyer le courrier.

2 Glisser la pointe des ciseaux dans un des coins et commencer à découper l'enveloppe. Vous pouvez faire ce découpage absolument n'importe comment ou comme vous voulez…

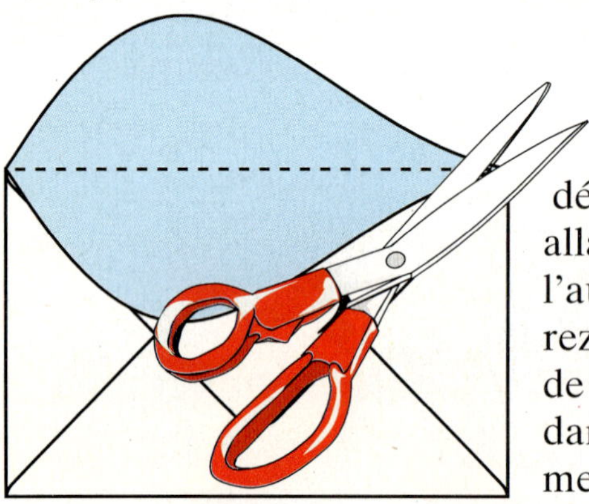

3 Si vous découpez en allant d'un coin à l'autre, vous pourrez étaler un côté de l'enveloppe dans le prolongement de l'autre

4 En passant par les quatre coins vous pouvez ainsi étaler sur une table une forme bizarre avec laquelle, miracle, vous pouvez paver le sol de votre salle de bain!

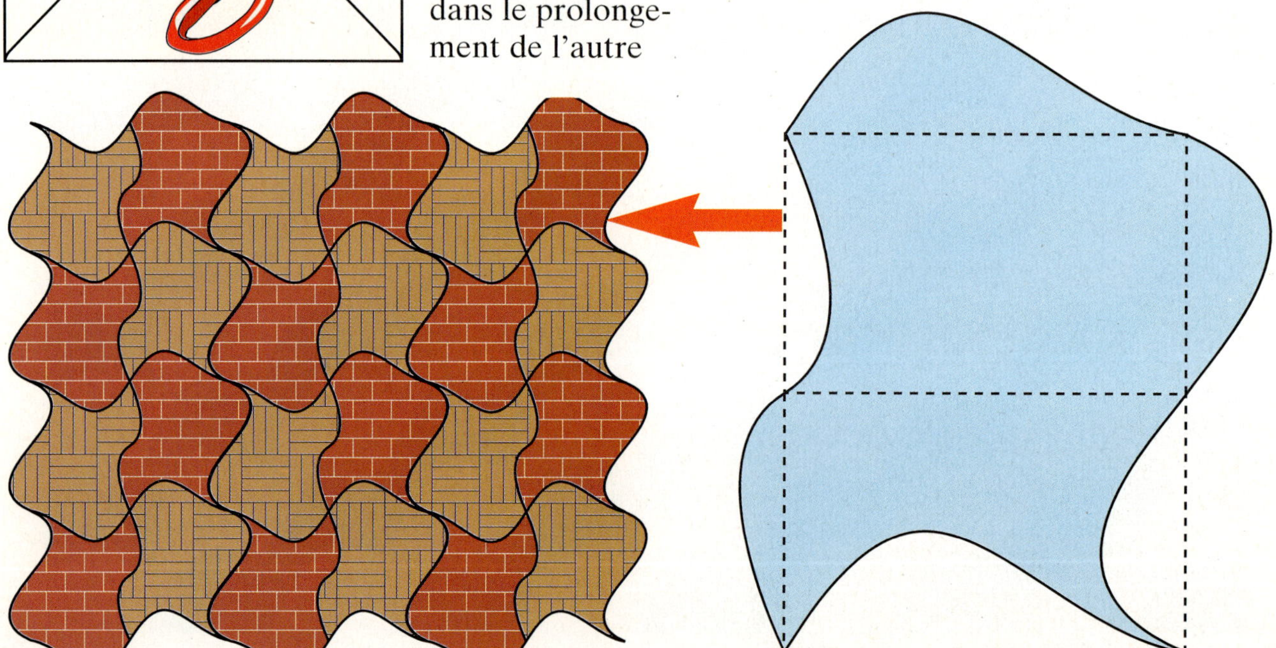

Évidemment, on peut essayer de dessiner quelque chose de figuratif au lieu de découper n'importe comment. Voici donc la suite des instructions à suivre.

1 ■ Prenez une enveloppe (par exemple au format 22 × 11) et cachetez-la.

2 ■ Dessinez quelques traits continus sur les deux côtés de l'enveloppe, en faisant passer votre trait de crayon par les quatre coins.

3 ■ Découpez l'enveloppe le long de votre trait et mettez-la à plat.

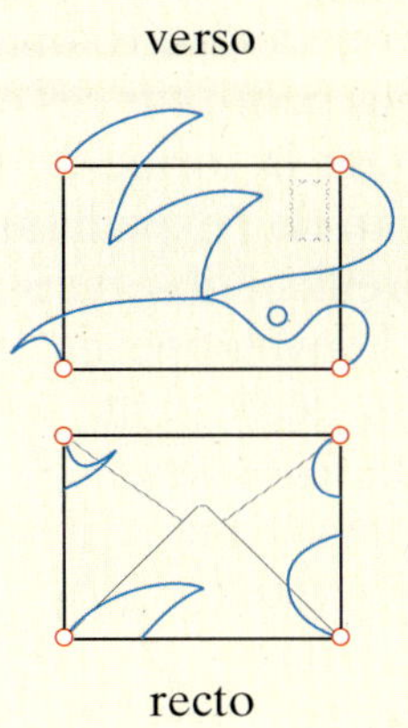

4 ■ La forme que vous obtenez "pave" le plan. Vous pouvez le vérifier en "décalquant" les bords sur un tableau et en faisant pivoter l'enveloppe autour de chacun de ses coins.

POURQUOI UNE ENVELOPPE FERMÉE, DÉCOUPÉE, ÉTALÉE PEUT-ELLE PAVER LE PLAN ?

La raison pour laquelle "ça marche" est à la fois magique et mathématique. La magie qui est en action est exactement celle de la fée Symétrie, déjà rencontrée, page 5. Quant à la mathématique, elle tient au fait qu'un demi-tour n'est pas autre chose que la succession de deux réflexions d'axes perpendiculaires.

Supposons que le dessin sur l'enveloppe soit légèrement en relief et encré, comme sur un tampon ; et imaginons que l'on fasse pivoter l'enveloppe de manière que ce soit alternativement le recto et le verso qui "imprime" son dessin sur le plan.

On obtient ainsi un pavage bien régulier et dont les motifs se recollent bien les uns aux autres.

Suivons le trajet d'un point M du recto du dessin lors de cette "impression" : en pivotant autour d'un petit côté de l'enveloppe il passe en M_1, au verso et en pivotant autour d'un grand côté il repasse au recto en M' ; il a alors exactement pivoté d'un demi-tour autour d'un coin de l'enveloppe. Ainsi chacun des quatre coins de l'enveloppe imprime sur le plan des centres de symétrie.

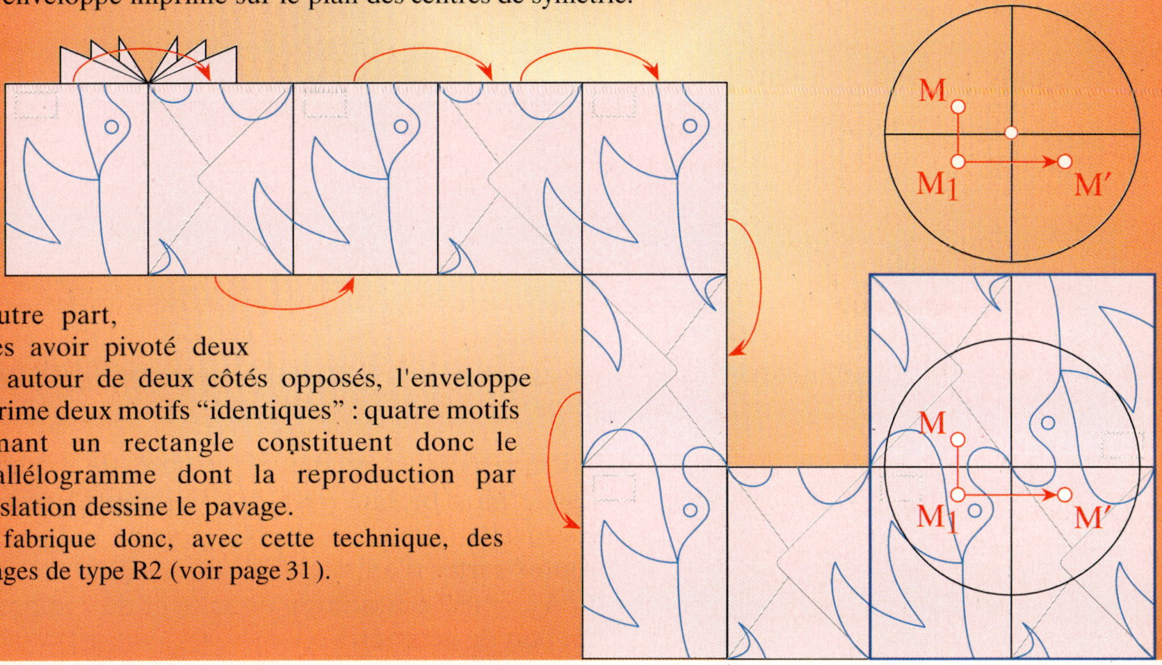

D'autre part, après avoir pivoté deux fois autour de deux côtés opposés, l'enveloppe imprime deux motifs "identiques" : quatre motifs formant un rectangle constituent donc le parallélogramme dont la reproduction par translation dessine le pavage.

On fabrique donc, avec cette technique, des pavages de type R2 (voir page 31).

L'enveloppe triangulaire

Un jour, le facteur sonna chez moi et me présenta une enveloppe triangulaire en souriant avec malice.

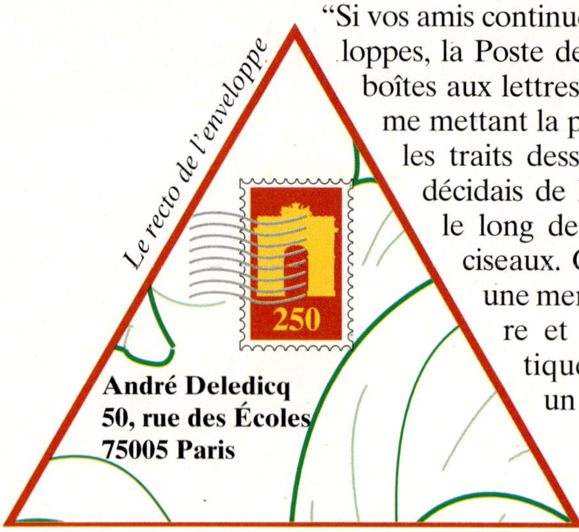

"Si vos amis continuent de vous écrire sur ces enveloppes, la Poste devra changer la forme de ses boîtes aux lettres !" Le nom de l'expéditeur me mettant la puce à l'oreille, j'observais les traits dessinés sur l'enveloppe et décidais de l'ouvrir en découpant le long de ces traits avec des ciseaux. Ce qui apparut fut une merveille de la nature et des mathématiques réunies : un écureuil !

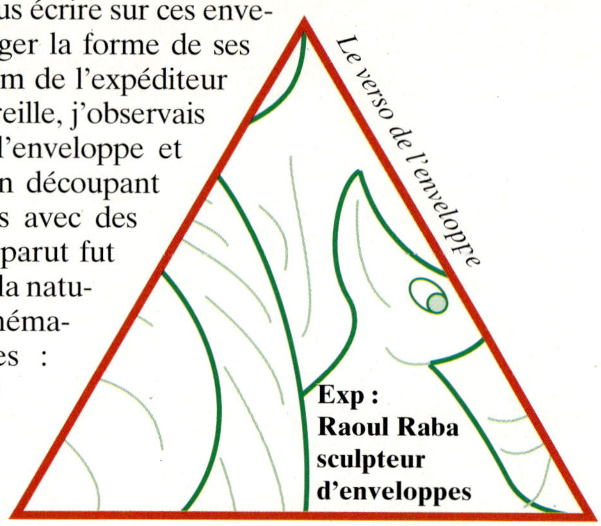

Mais cet écureuil présentait une fantastique particularité : en le faisant tourner d'un tiers de tour autour de l'extrémité de sa queue, on remplissait exactement une bonne partie d'un plan… Et ces blocs de trois écureuils s'emboîtaient parfaitement les uns dans les autres, la tête de l'un venant exactement s'encastrer entre la patte et le ventre d'un autre.

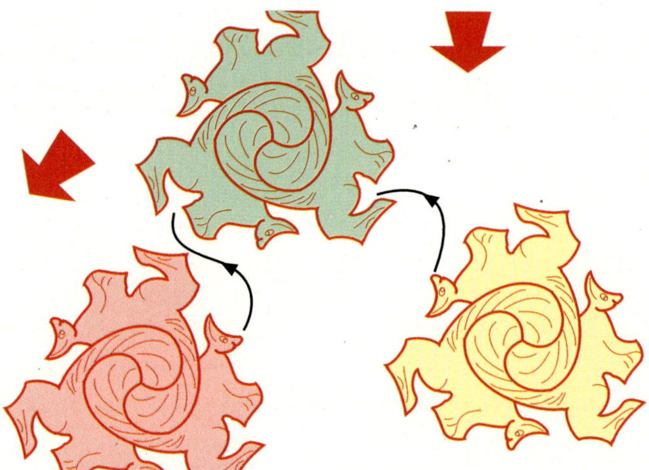

Ainsi je pouvais recouvrir les murs de ma cuisine ou de mon bureau avec des "carreaux" en forme d'écureils ! Vous aussi vous pouvez le faire avec toutes sortes d'animaux de formes de votre invention,… mais à condition de faire et de comprendre un peu de géométrie.

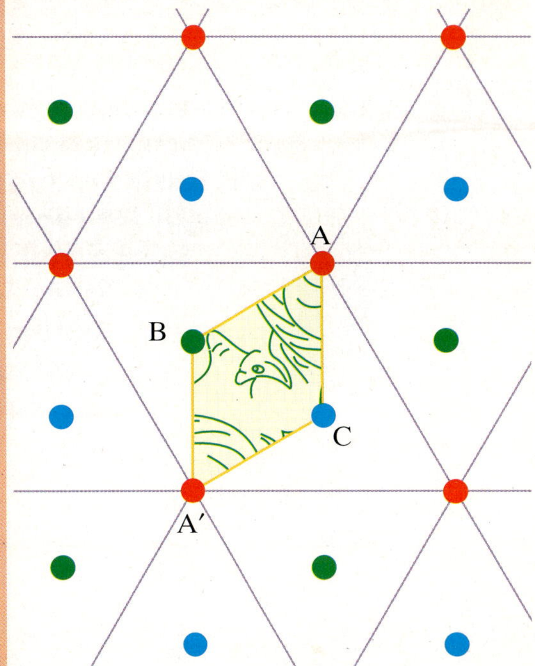

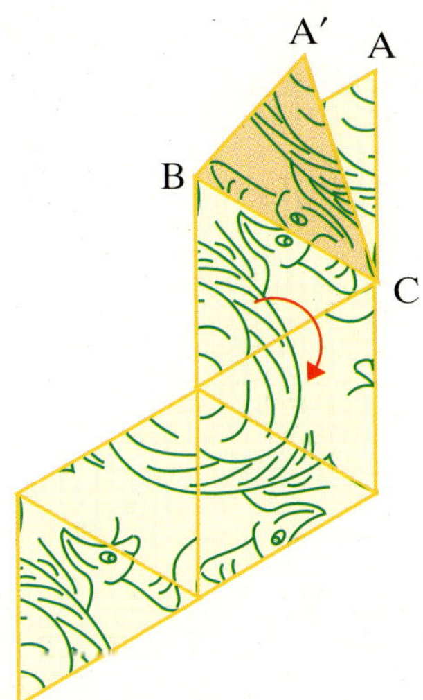

Sur le pavage complet, on reconnaît trois familles de **centres de tiers de tours (rouges, verts et bleus)**.
Le “miracle” est alors le suivant : dans l’espace, en forme de losange, situé entre ces centres, l’écureuil est entièrement dessiné ! Et le jeu de tiers de tour est tel que l’on peut plier ce losange autour de BC de manière à ce que les traits se terminant sur AC viennent prolonger exactement ceux qui se terminent sur A′C (et de même AB sur A′B) ; on peut donc coller AC sur A′C.
La voilà l’enveloppe triangulaire !
Et, au lieu de la découper, je peux imaginer de la faire basculer sur le plan de manière qu’elle y laisse la trace de son dessin : les écureuils apparaissent comme par magie.

Les pavages pouvant ainsi s’obtenir par découpage d’une enveloppe triangulaire équilatérale sont de type R3 (voir page 32).
Comme nous allons le voir on peut aussi obtenir des pavages en découpant des enveloppes ayant la forme de demi-triangle équilatéral ou de demi-carré.

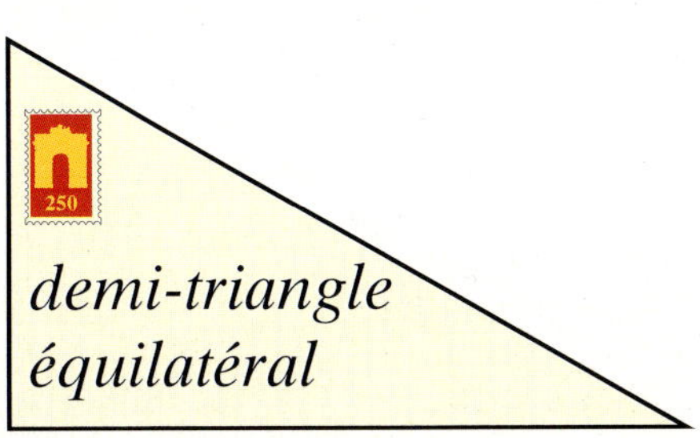

L'enveloppe demi-carrée

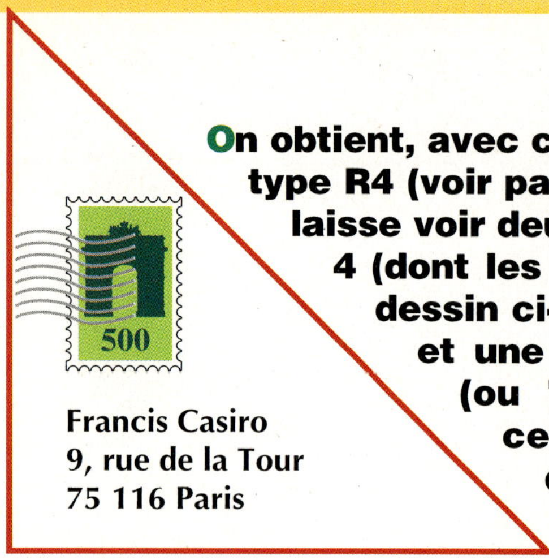

On obtient, avec ces enveloppes des pavages du type R4 (voir page 33). Un tel type de pavage laisse voir deux familles de rotations d'ordre 4 (dont les centres sont marqués dans le dessin ci-dessous en rouge et en jaune) et une famille de rotations d'ordre 2 (ou "symétrie centrale") dont les centres sont placés "en quinquonces" par rapport aux précédents. En fait, on devrait parler de "quart de carré" plutôt que de demi-carré ; mais il se trouve qu'un demi-carré et un quart de carré ont la même forme : celle d'un triangle rectangle isocèle.

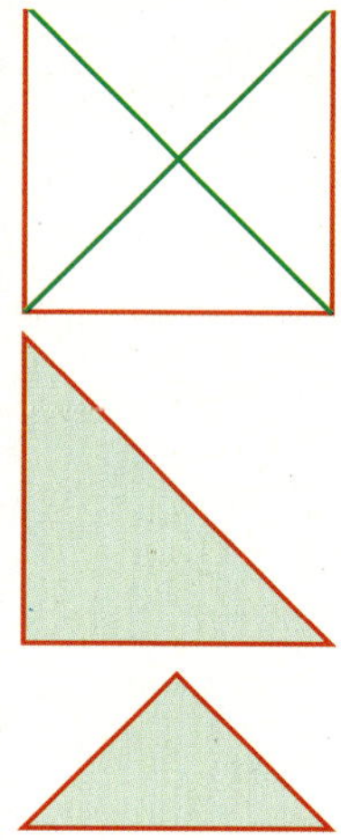

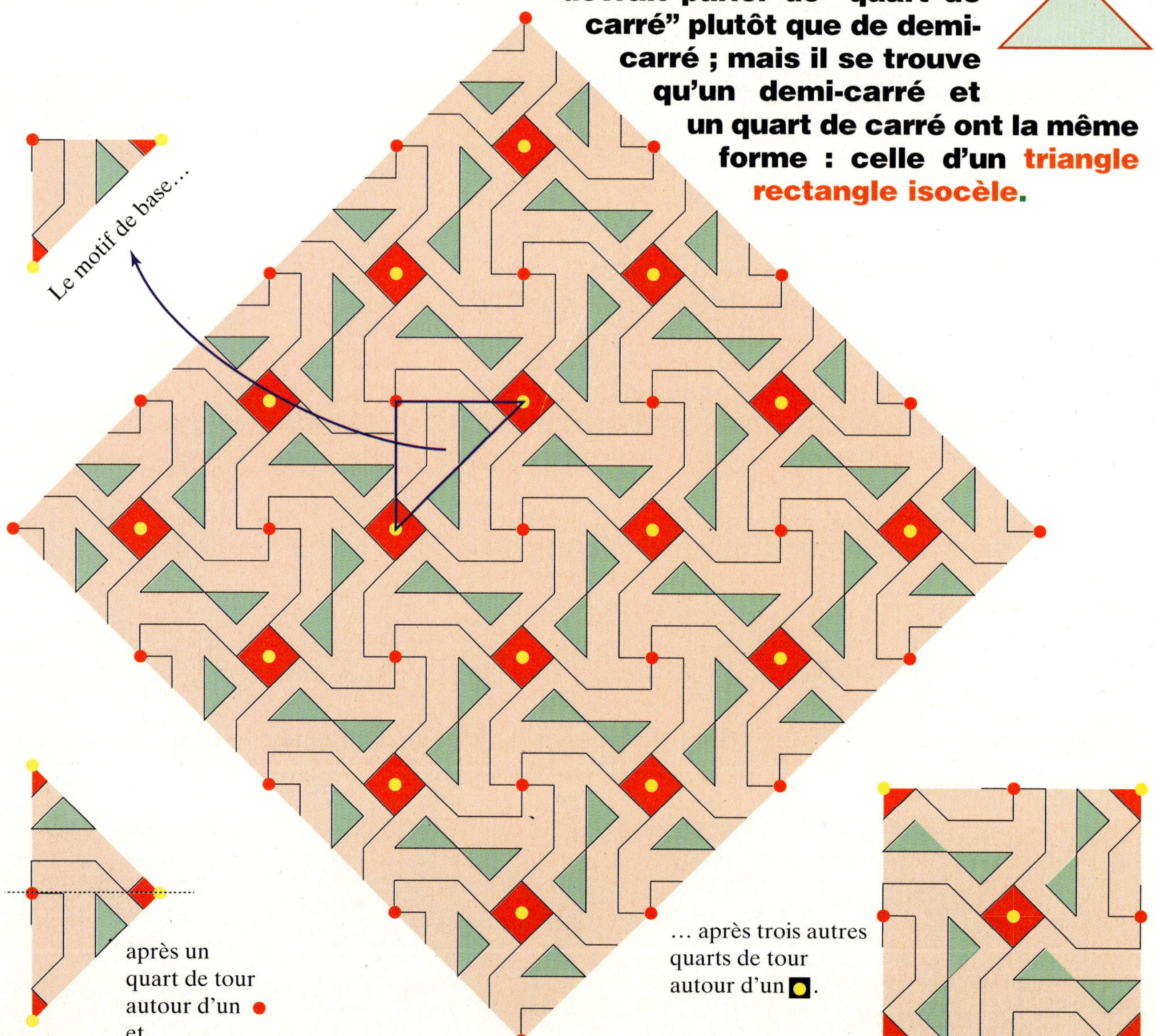

après un quart de tour autour d'un ● et…

… après trois autres quarts de tour autour d'un ●.

On voit que le motif minimal est un quart de carré dont le côté [AB] vient sur [AC] par rotation d'un quart de tour et dont le demi-côté [MB] vient sur [MC] par rotation d'un demi-tour.

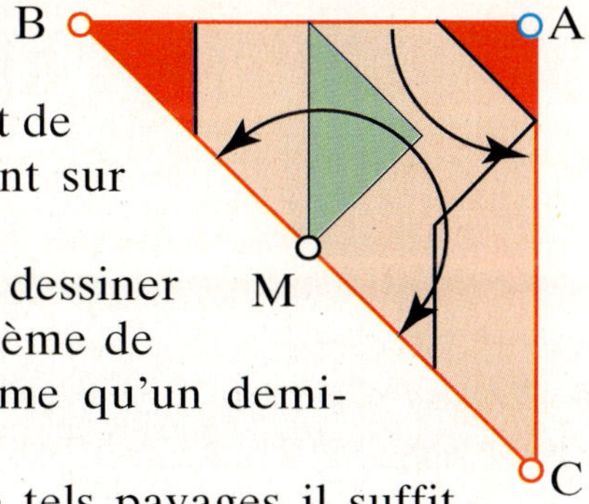

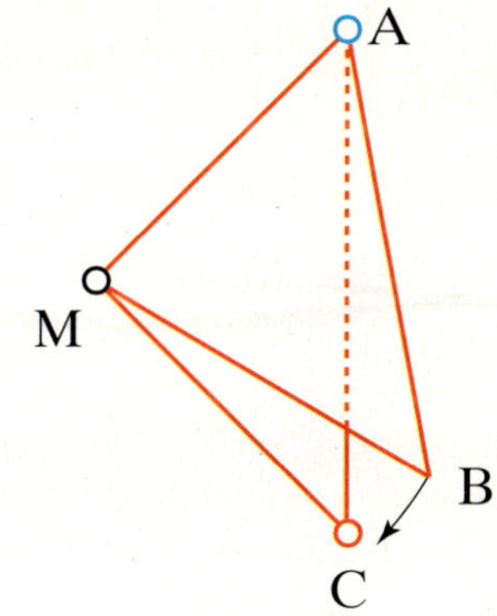

Le motif de ce pavage peut donc se dessiner sur une enveloppe en forme de huitième de carré (qui a d'ailleurs la même forme qu'un demi-carré !)

Pour inventer les pavés réalisant de tels pavages il suffit donc de prendre une enveloppe quart de carré et de la découper n'importe comment… en essayant de faire apparaître quelque forme intéressante…

Voici par exemple comment nous avons réalisé une espèce de "culbuto-oiseau".

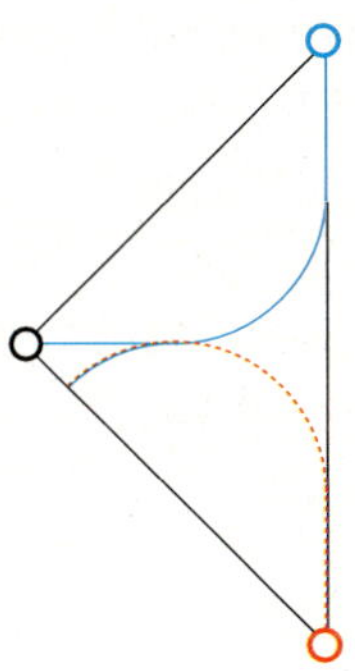

recto
(le pointillé représente le dessin du verso)

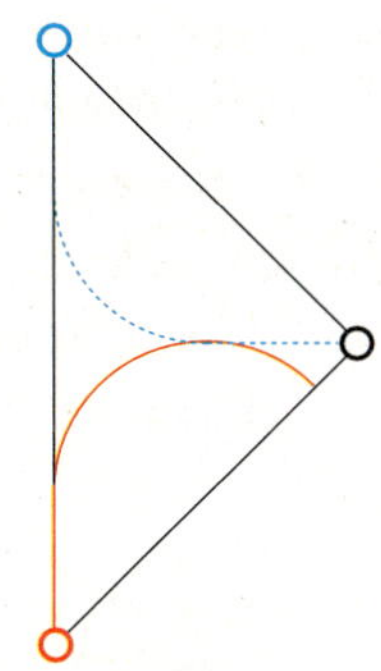

verso
(le pointillé représente le dessin du recto)

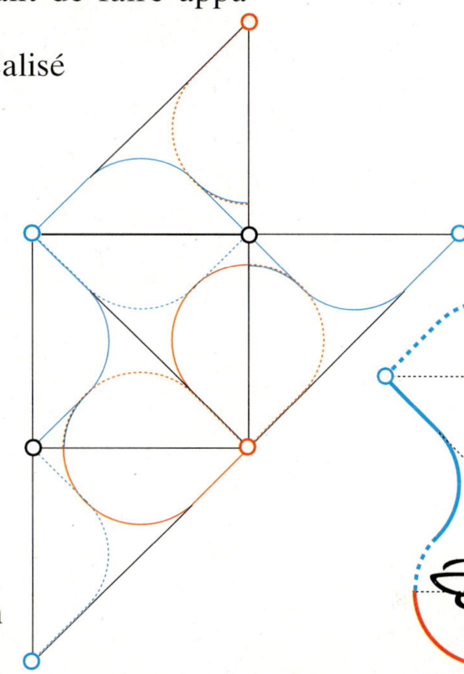

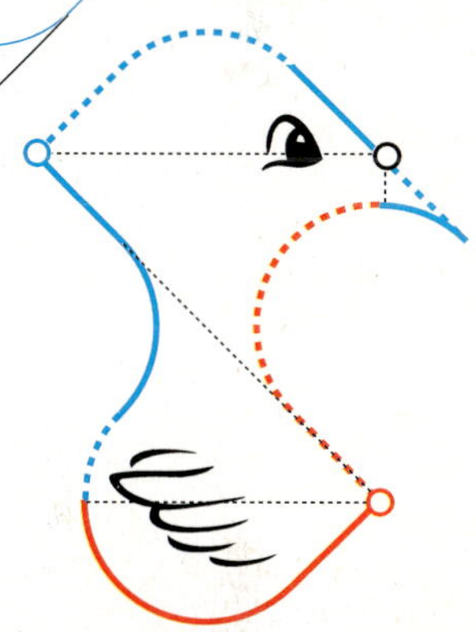

L'enveloppe demi-triangulaire

Raoul Raba
7, rue du Kangourou
75 008 Paris

En découpant une enveloppe en forme de demi-triangle-équilatéral, on réalise des pavages du type R6 (voir page 36). Ce type de pavage laisse voir une famille de rotations d'ordre 6 dont les centres (ici marqués d'un rond rouge plein) tissent un réseau triangulaire imbriqué dans un autre réseau formé par les centres (ici marqués d'un triangle rouge) de rotation d'ordre 3. De plus, les milieux communs des segments joignant deux centres d'une même famille sont les centres d'une famille de symétries centrales (ici marqué d'un rond rouge évidé).

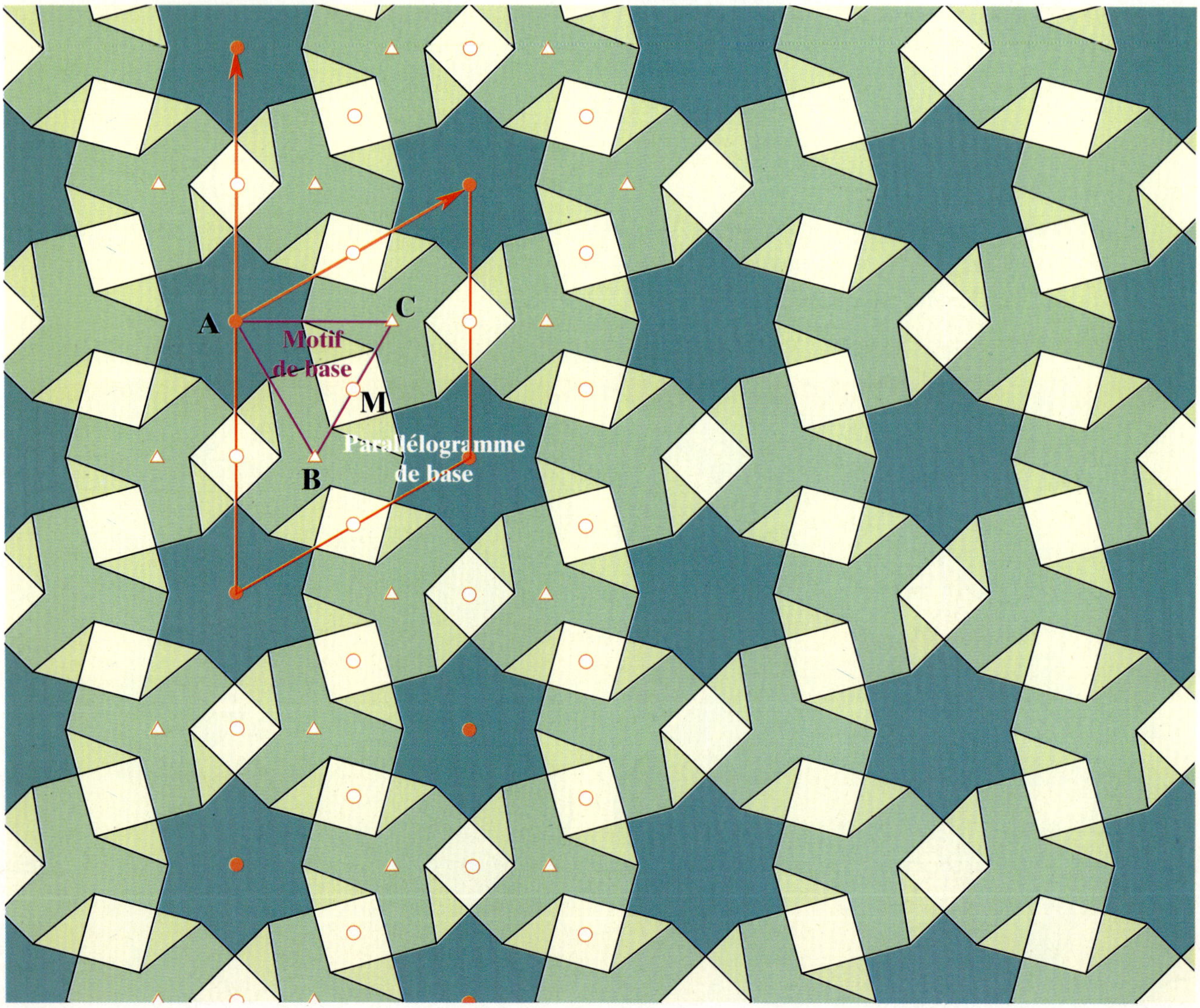

On voit que le motif minimal est un triangle équilatéral dont le côté [AB] vient sur [AC] par rotation d'un sixième de tour et dont le demi-côté [MB] vient sur [MC] par rotation d'un demi-tour. Le motif de ce pavage peut donc bien se dessiner sur une enveloppe en forme de demi-triangle équilatéral.

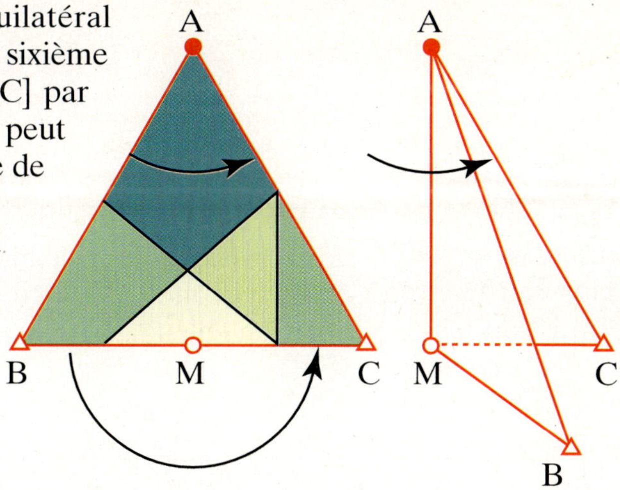

Pour inventer les pavés réalisant de tels pavages il suffit donc de prendre une enveloppe demi-triangle équilatéral et de la découper n'importe comment… en essayant de faire apparaître quelque forme intéressante… Voici par exemple comment nous avons réalisé une espèce de “pac-man”.

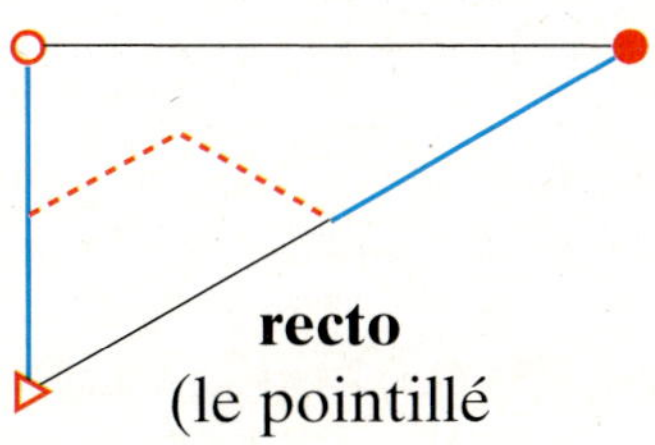

recto
(le pointillé représente le dessin du verso)

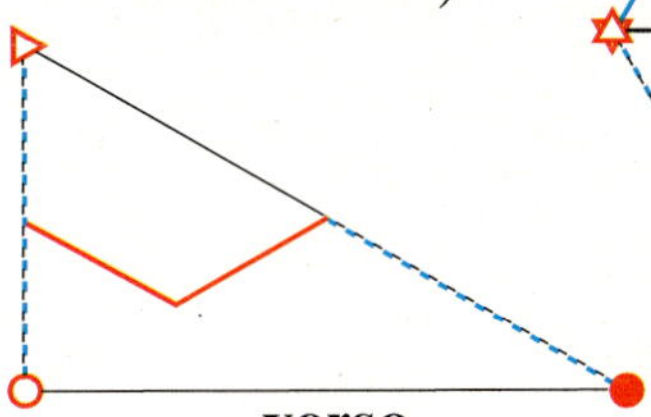

verso

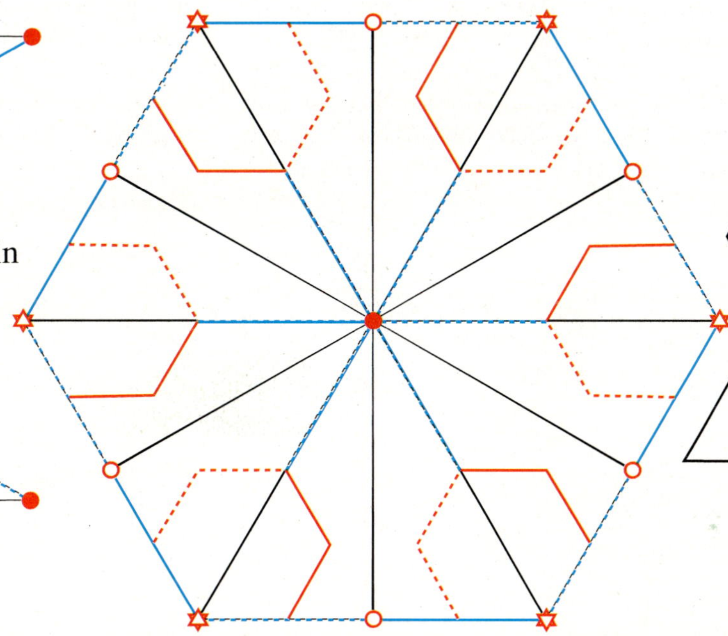

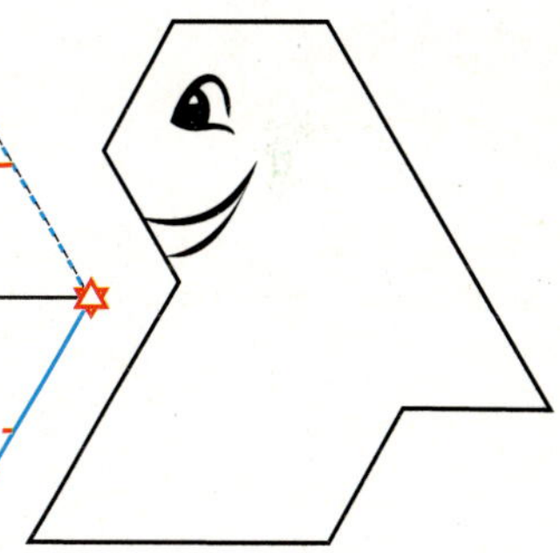

Le logo du Kangourou

1. Dessinez ce que vous voulez dans un carré (en esquissant les formes que vous voulez faire apparaître !).

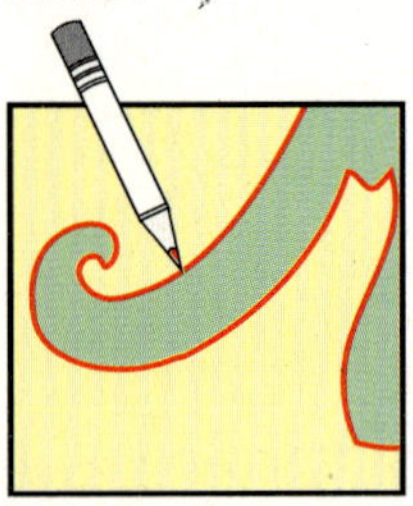

2. Découpez le long du trait à partir des bords et collez “à gauche” ce qui était “à droite”. À partir du point de jonction (bleu) dessinez ce que vous voulez.

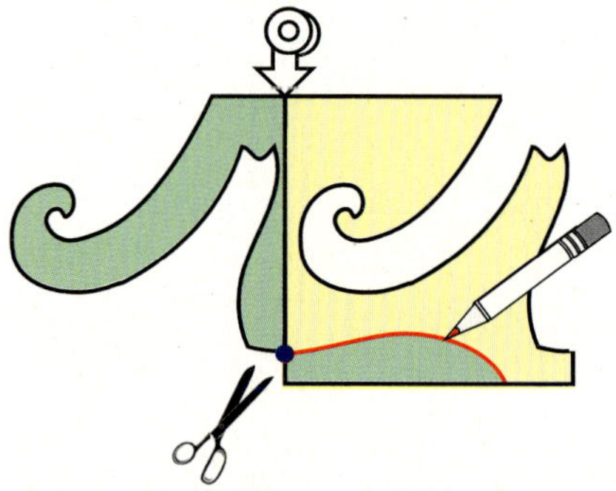

3. Découpez, retournez, translatez en “haut” ce qui était en “bas”. Faire un dernier trait de découpage.

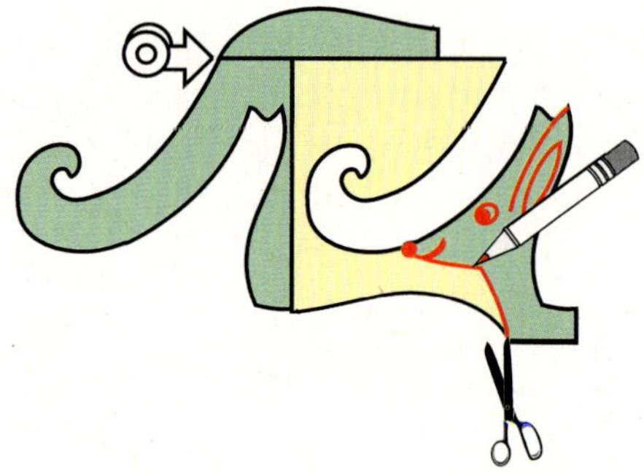

4. Découpez, retournez, translatez et collez.

Translation horizontale

Créé par Raoul Raba, pour le jeu-concours **Kangourou des Mathématiques**, ce logo montre qu’il est possible de découper un carré pour en faire un kangourou.

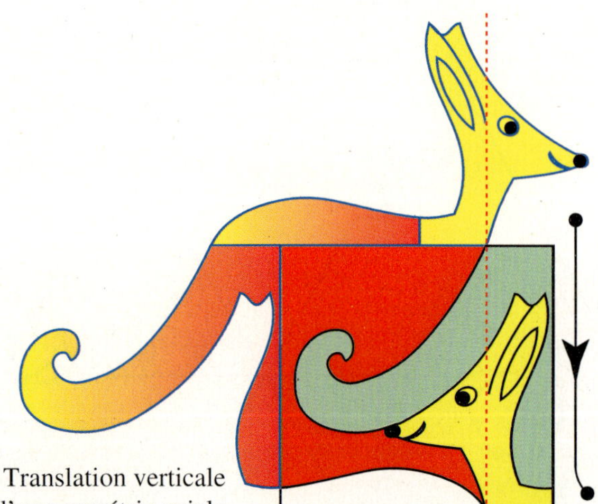

Translation verticale suivie d’une symétrie axiale

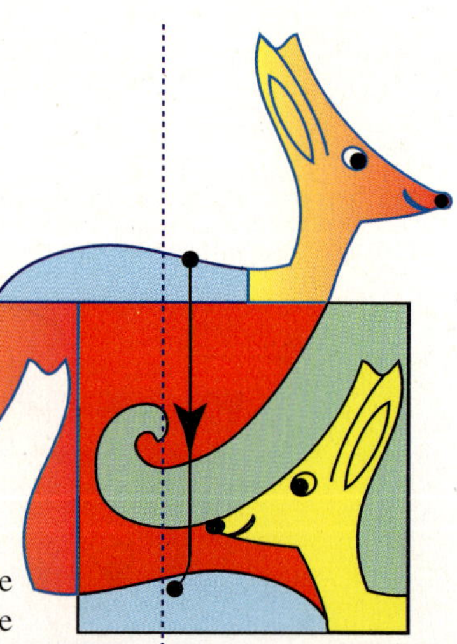

Translation verticale suivie d’une symétrie axiale

Les 17 familles de pavages

Pour chaque famille, on trouvera ci-après :

- Le **nom abrégé** de la famille et son **nom “scientifique”** qui rappelle la forme de son parallélogramme de base (rhombique = losange et hexagonal = losange égal à un double triangle équilatéral) et la présence de symétries, rotations ou glissages dans la trame des isométries qui le conservent.
- Un **pavage colorié** assorti de
… **deux translations minimales**
… un **parallélogramme de base**
… un **motif minimal**
… la **trame** des isométries qui le conservent
… l’**objet** (“quotient” du pavage par le groupe des isométries qui le conservent) qui pourrait servir à imprimer le pavage par applications successives sur le plan (un ✂ signifie que cet objet est effectivement réalisable et pratiquement utilisable ; deux ciseaux symétriques indiquent qu’il devrait être “encré” recto-verso pour imprimer le pavage)..
- un **deuxième pavage** (éventuellement à colorier) et la **liste des isométries qui le conservent**.

RO : parallélogrammique asymétrique

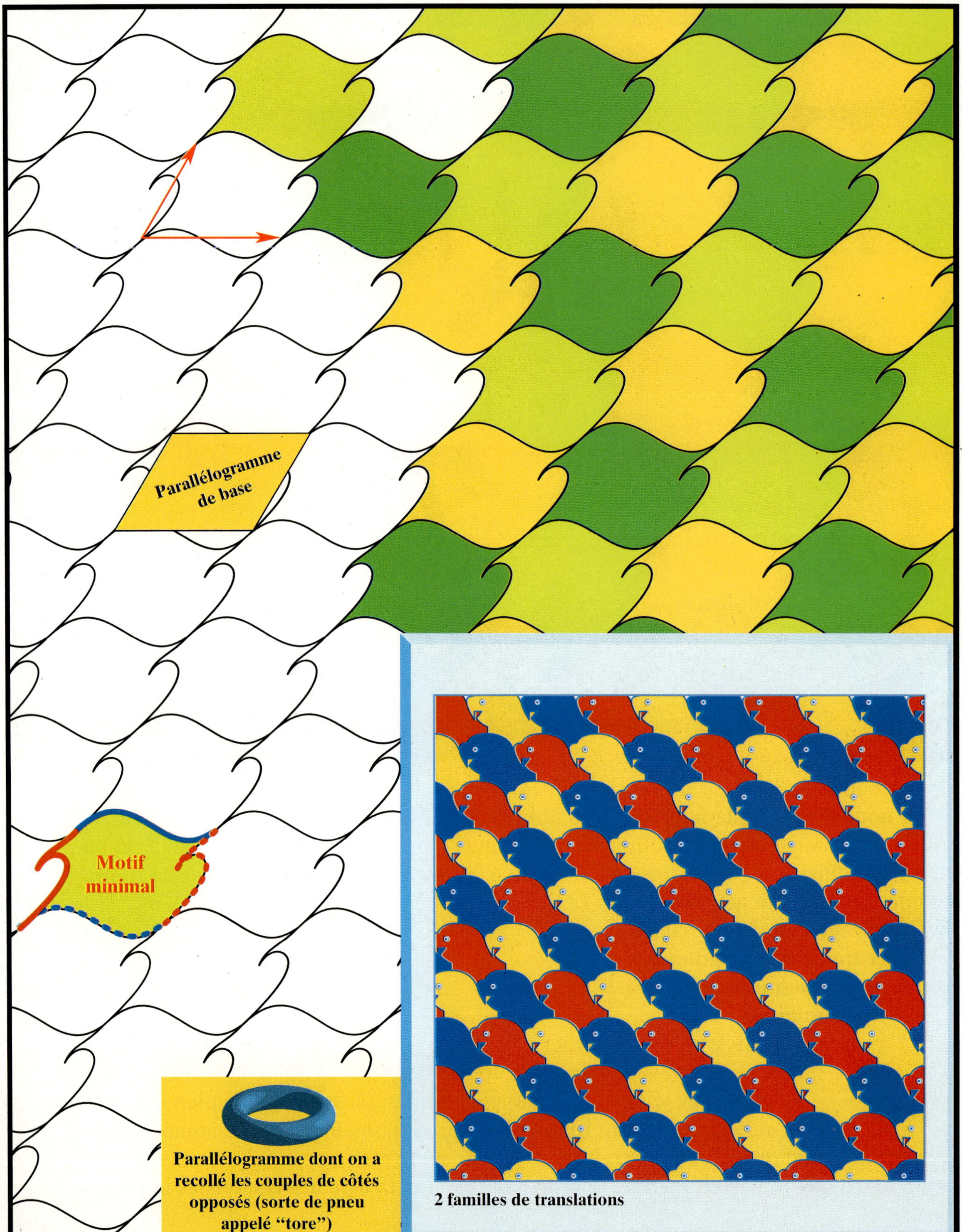

Parallélogramme dont on a recollé les couples de côtés opposés (sorte de pneu appelé "tore")

2 familles de translations

R2 : parallélogrammique asymétrique

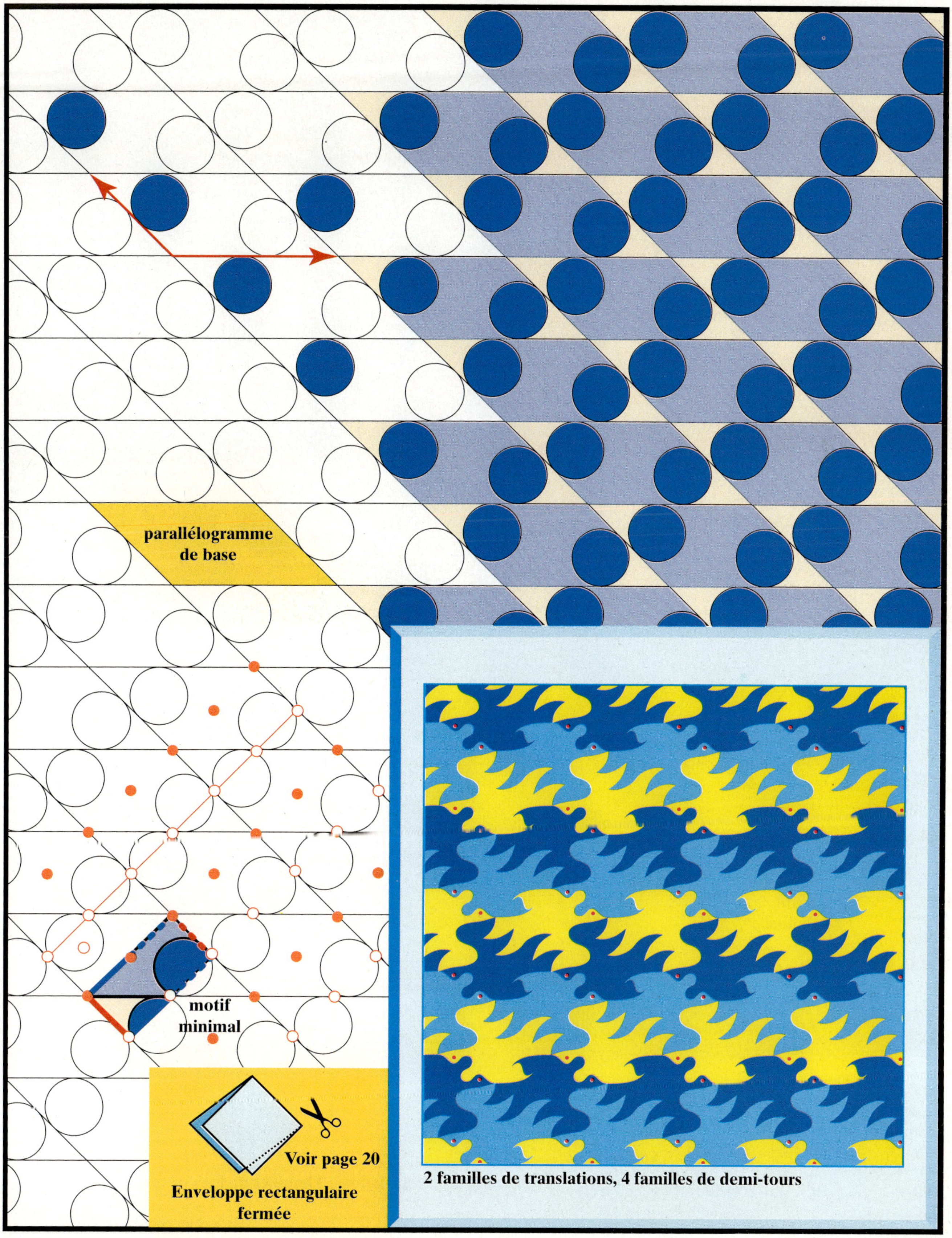

2 familles de translations, 4 familles de demi-tours

R3 : hexagonal trois rotatif

2 familles de translations, 3 familles de tiers de tour

R4 : carré quatre rotatif

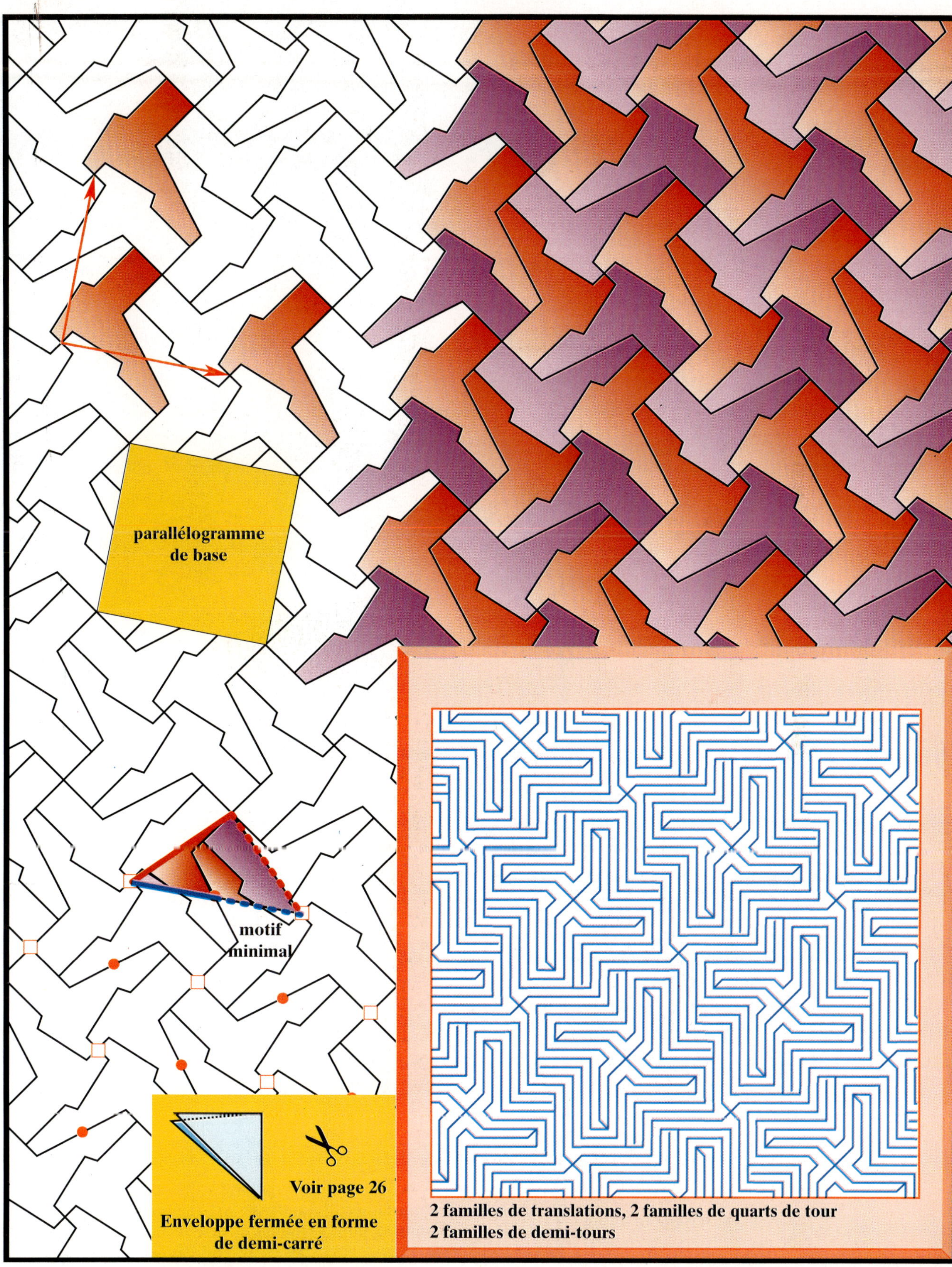

Signature 2 recto

R6 : hexagonal six rotatif

2 familles de translations, 1 famille de sixièmes de tour
2 familles de tiers de tour, 3 familles de demi-tours

MO : rectangulaire glissant

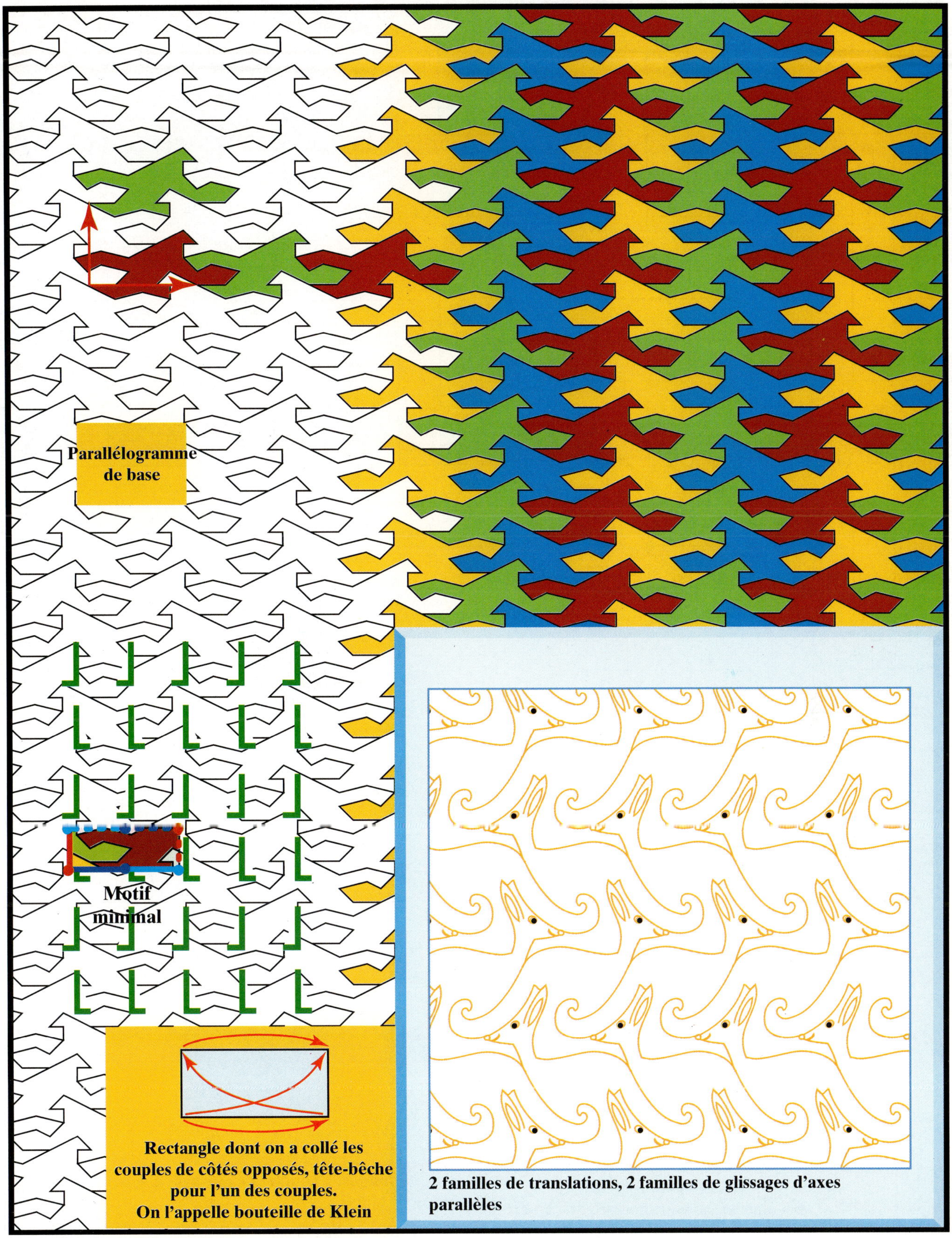

2 familles de translations, 2 familles de glissages d'axes parallèles

MOR2 : rectangulaire biglissant

Enveloppe rectangulaire dont la fermeture a été réalisée en inversant un des bords. On l'appelle "plan projectif".

2 familles de translations, 2 familles de glissages d'axes parallèles
4 familles de demi-tours

M1 : rectangulaire monosymétrique

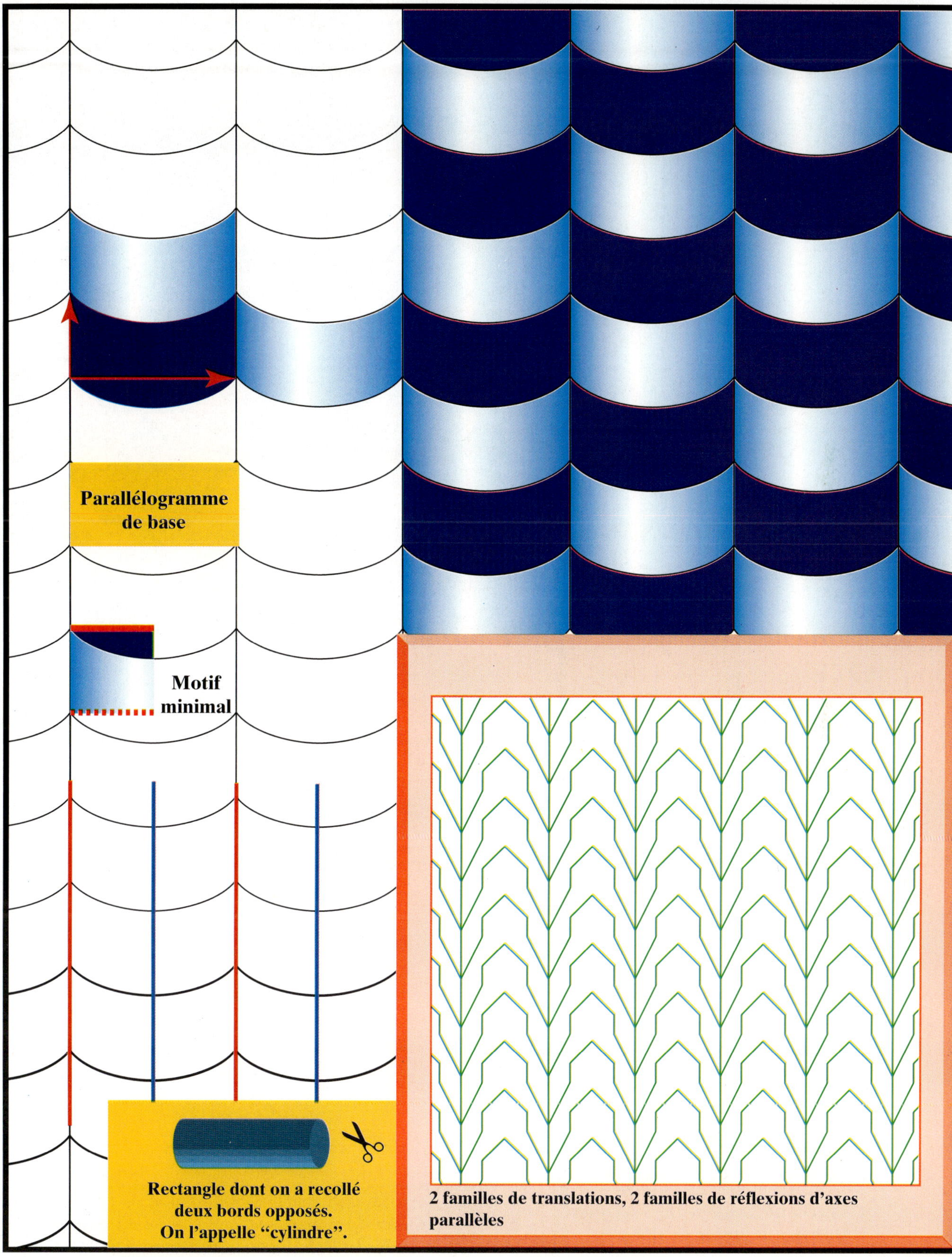

2 familles de translations, 2 familles de réflexions d'axes parallèles

M1g : rhombique monosymétrique

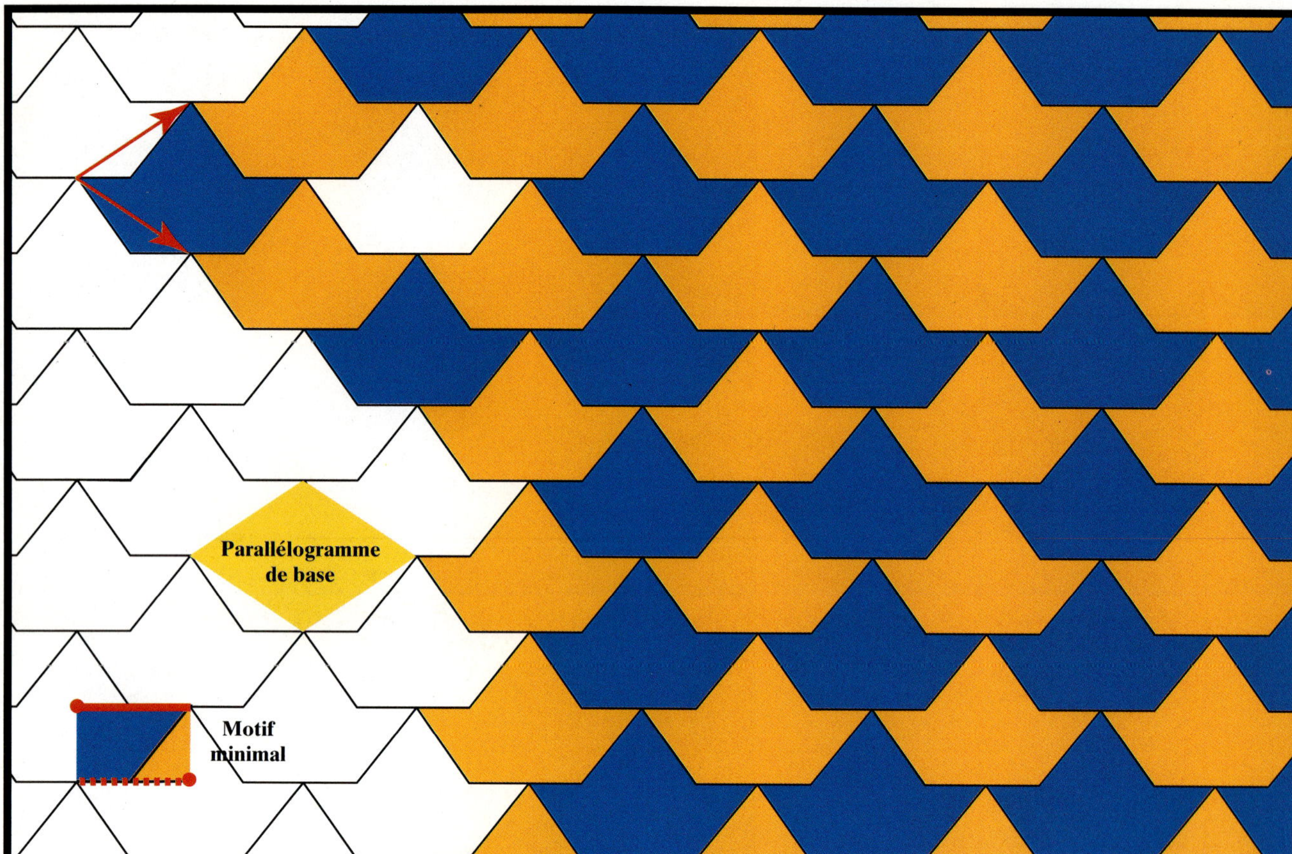

Rectangle dont on a recollé tête-bêche un couple de côtés opposés. On l'appelle "ruban de Möbius".

2 familles de translations, 1 famille de réflexions d'axes parallèles
1 famille de glissages d'axes parallèles aux axes des réflexions

M1R2 : rectangul. glissant symétrique

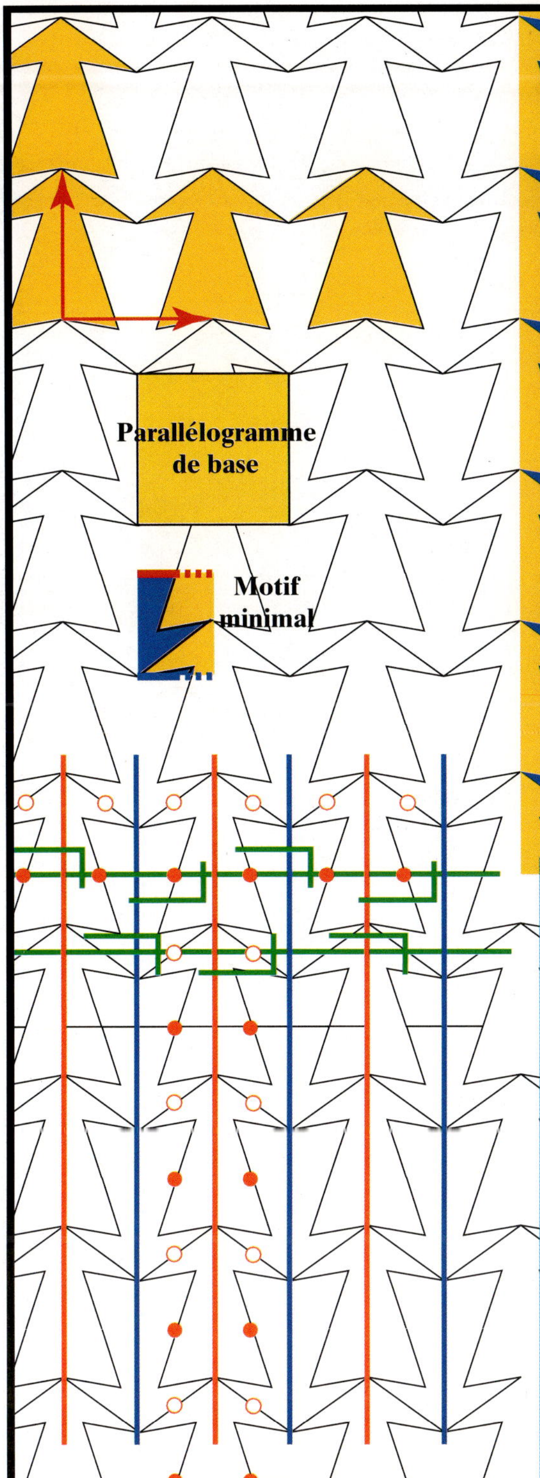

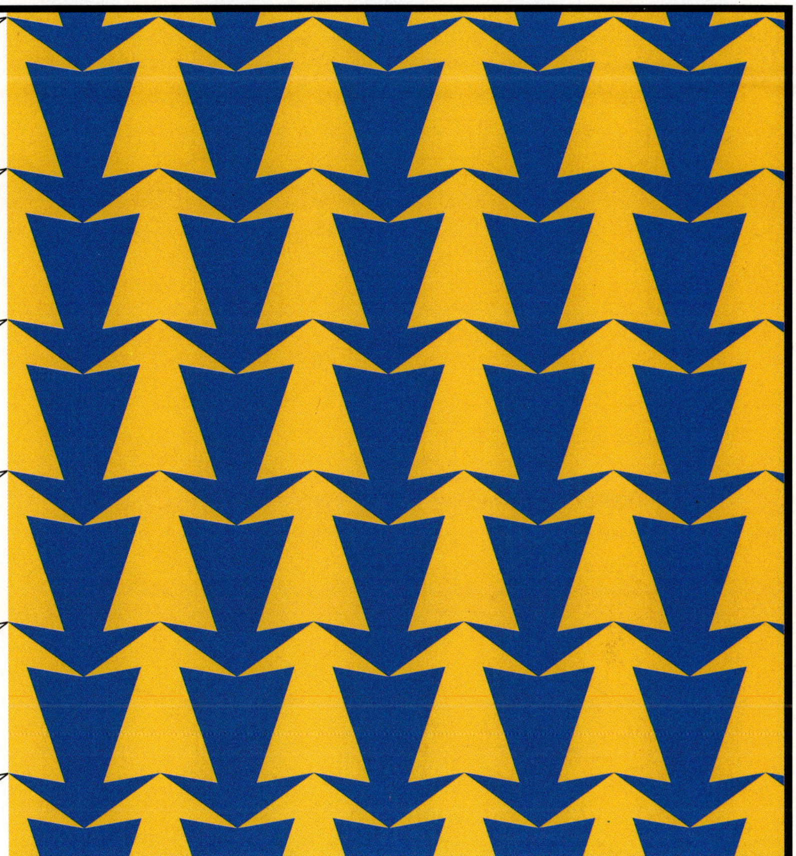

Note : les flèches pourraient être allongées et s'inscrire dans un rectangle.

2 familles de translations, 4 familles de demi-tours, 2 familles de réflexions d'axes parallèles, 2 familles de glissages d'axes orthogonaux aux axes des réflexions

Enveloppe rectangulaire ouverte reproductible par symétrie.

M2 : rectangulaire bisymétrique

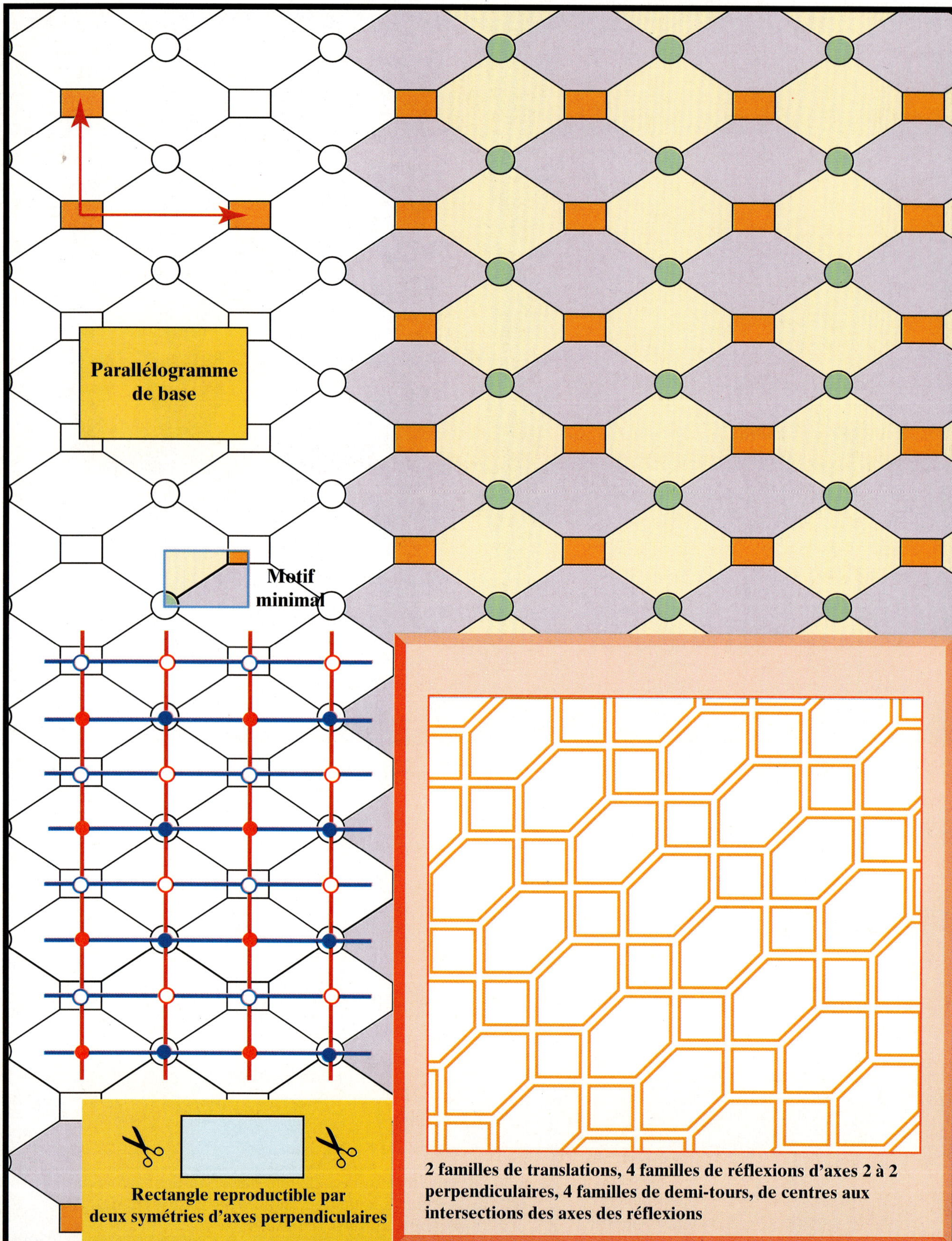

2 familles de translations, 4 familles de réflexions d'axes 2 à 2 perpendiculaires, 4 familles de demi-tours, de centres aux intersections des axes des réflexions

M2R2 : rhombique bisymétrique

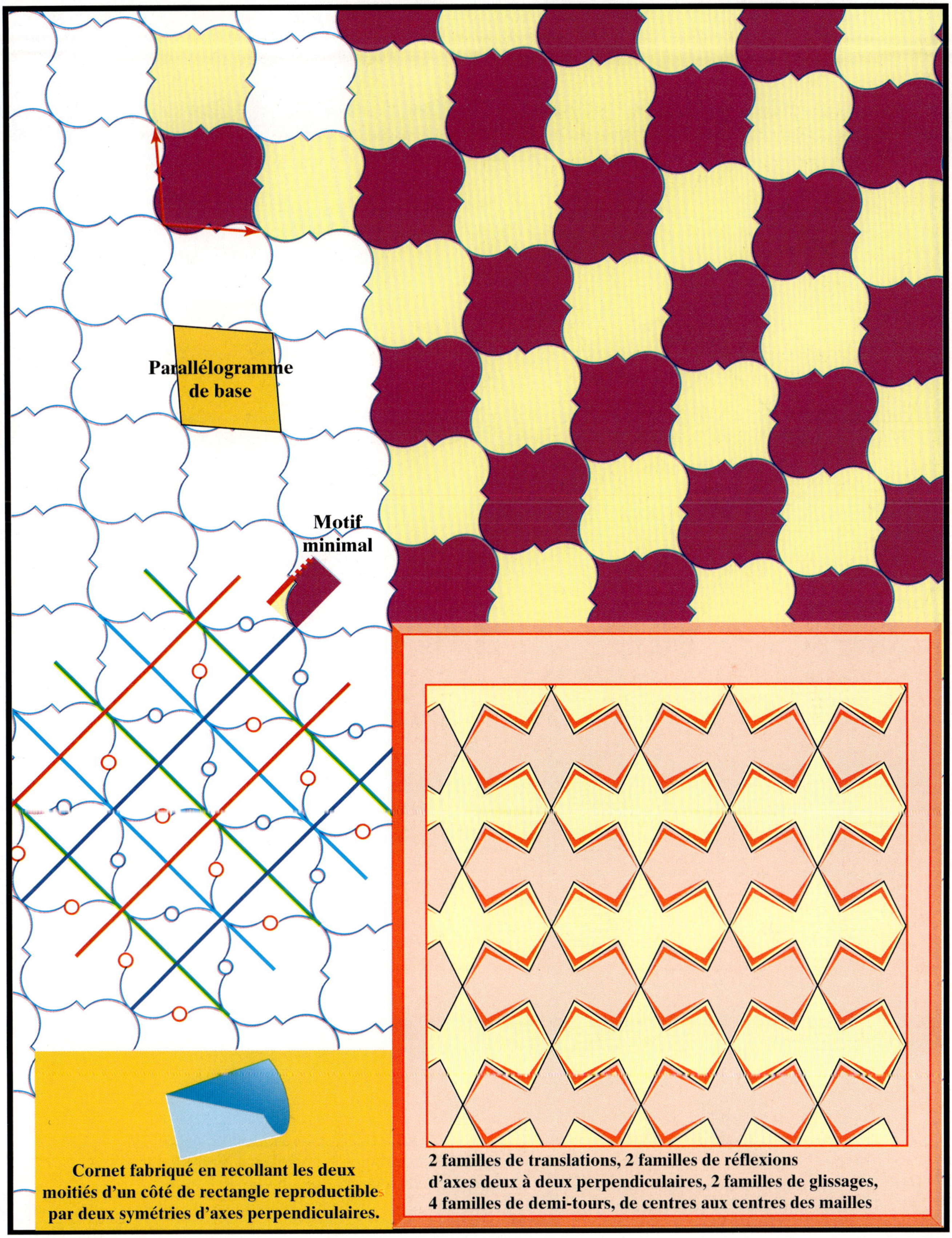

Cornet fabriqué en recollant les deux moitiés d'un côté de rectangle reproductible par deux symétries d'axes perpendiculaires.

2 familles de translations, 2 familles de réflexions d'axes deux à deux perpendiculaires, 2 familles de glissages, 4 familles de demi-tours, de centres aux centres des mailles

M2R4 : carré quatre rotatif glissant

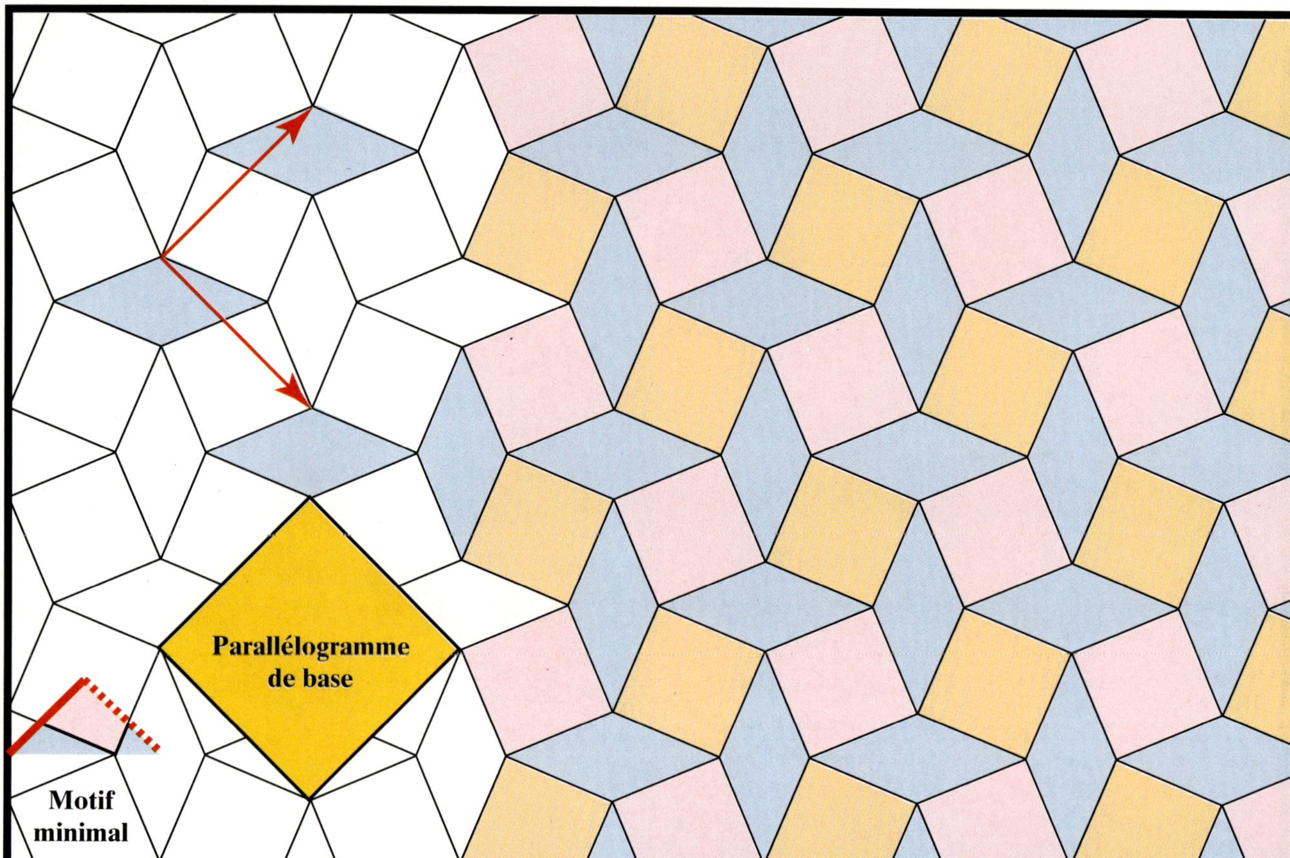

Cornet fabriqué en recollant deux côtés adjacents d'un carré reproductible par symétrie

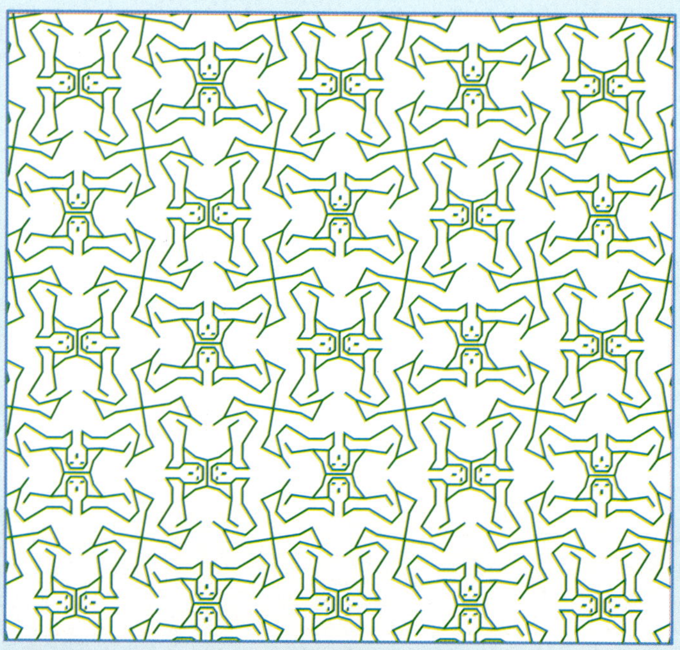

2 familles de translations, 2 familles de réflexions d'axes perpendiculaires, 2 familles de demi-tours 2 familles de quarts de tour, 2 familles de glissages

M3 : hexagonal trisymétrique

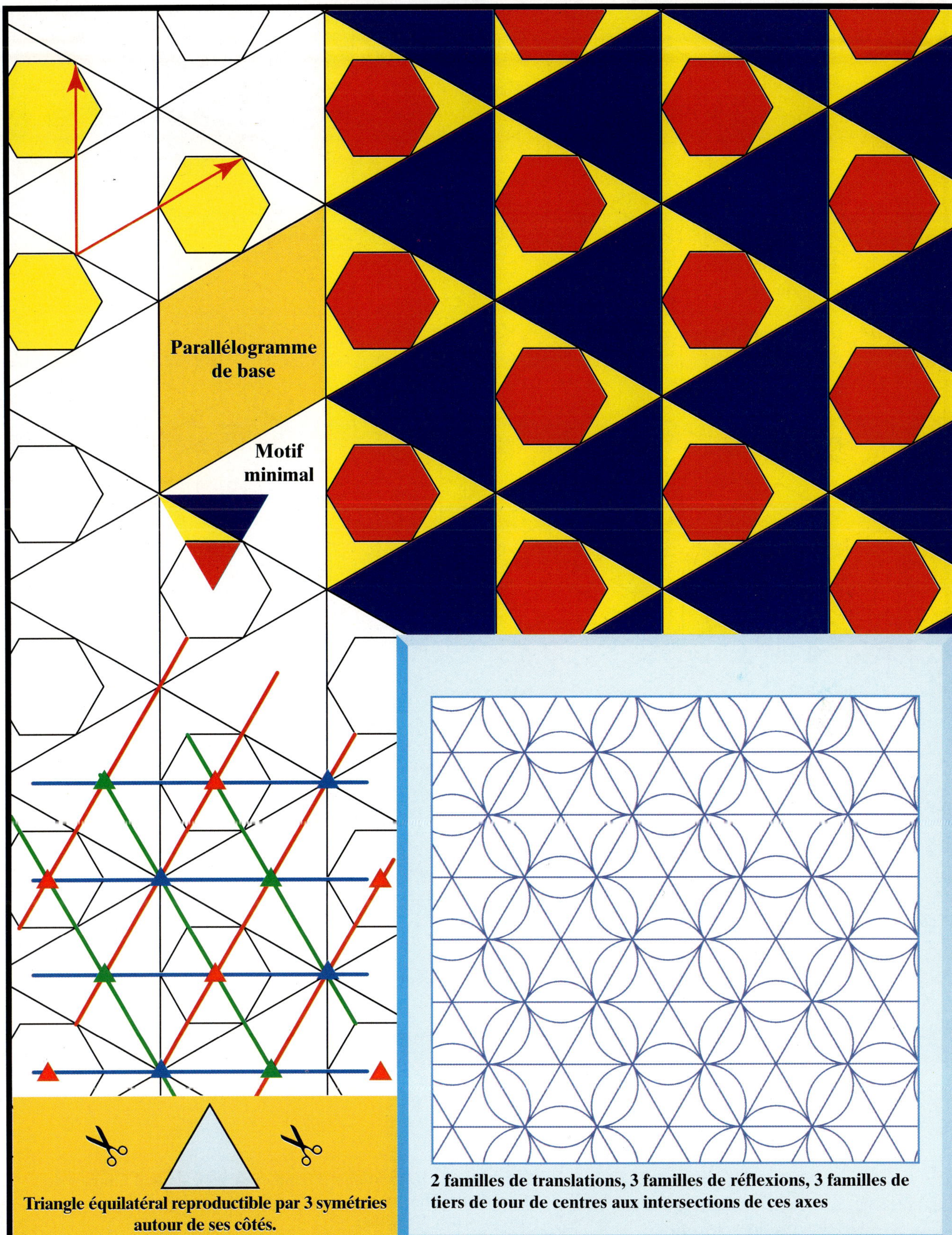

Triangle équilatéral reproductible par 3 symétries autour de ses côtés.

2 familles de translations, 3 familles de réflexions, 3 familles de tiers de tour de centres aux intersections de ces axes

M3R3 : hex. trois rotatif symétrique

Cornet fabriqué en recollant les deux côtés d'un triangle isocèle d'angle au sommet 120°, reproductible par symétrie.

2 familles de translations, 3 familles de réflexions, 3 familles de tiers de tour dont 2 ont pour centres les centres de la trame des axes des réflexions

M4 : carré totalement symétrique

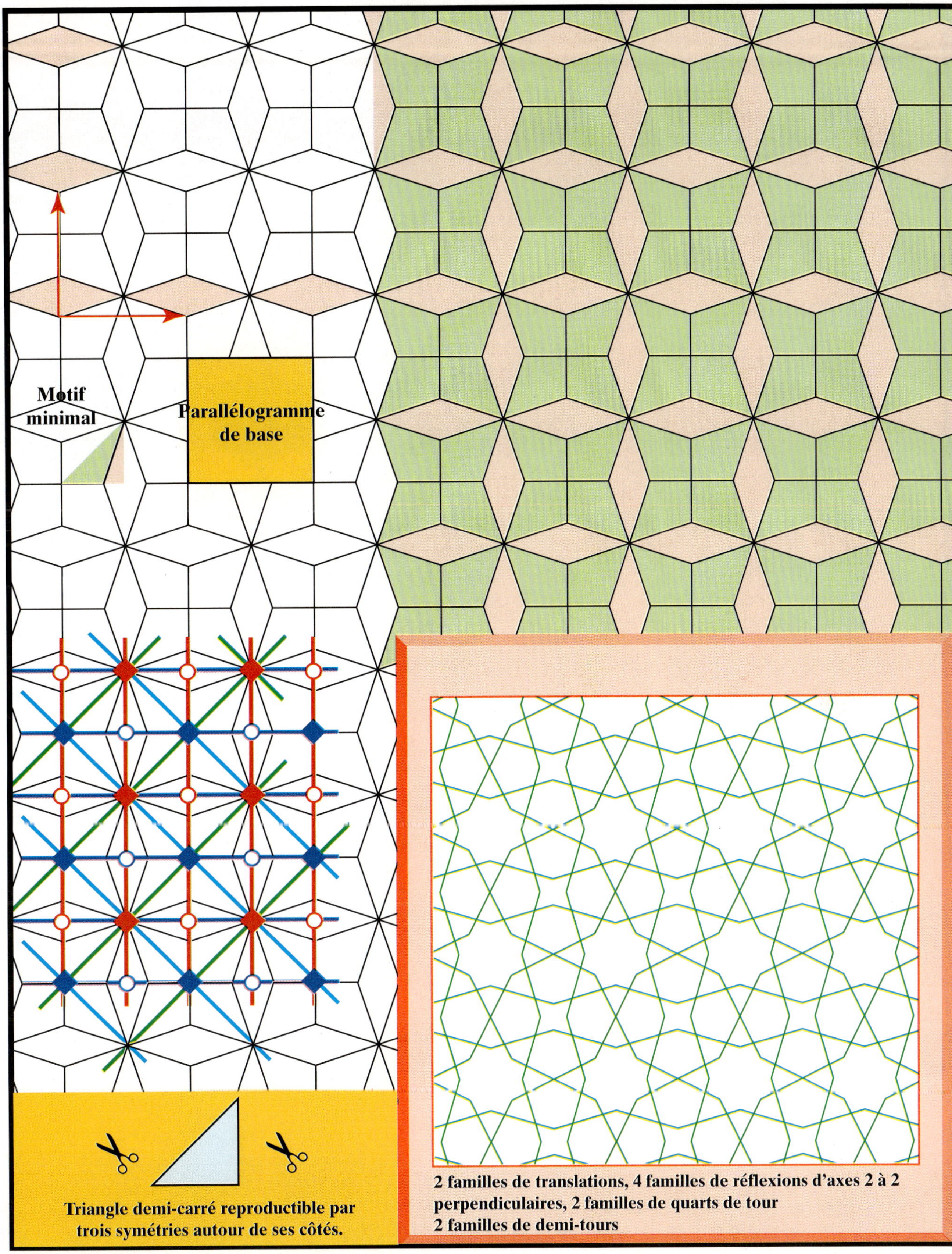

Triangle demi-carré reproductible par trois symétries autour de ses côtés.

2 familles de translations, 4 familles de réflexions d'axes 2 à 2 perpendiculaires, 2 familles de quarts de tour
2 familles de demi-tours

M6 : hexagonal totalement symétrique

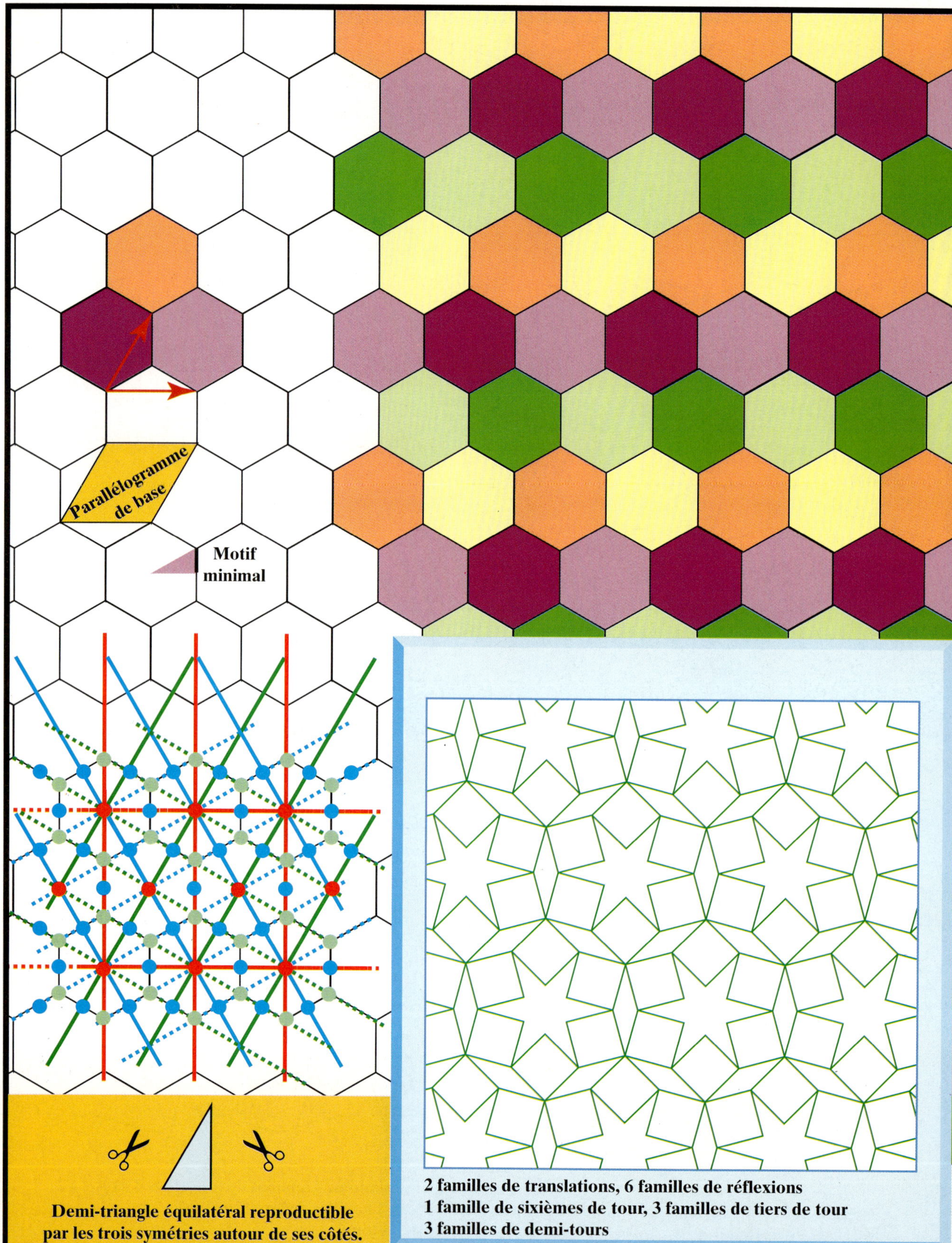

Demi-triangle équilatéral reproductible par les trois symétries autour de ses côtés.

2 familles de translations, 6 familles de réflexions
1 famille de sixièmes de tour, 3 familles de tiers de tour
3 familles de demi-tours

Comment reconnaître la famille d'un pavage ?

Le pavage est-il identique à son image dans un miroir ?

NON — Quelle est la rotation d'angle minimal non nul ?

Miroir	Rotation	Famille	Nom des groupes	Nom des cristallographe	Nom du Kangourou
NON	0	Parallélogrammique asymétrique	C1	p1	R0
NON	2π/2	Parallélogrammique symétrique	C2	p2	R2
NON	2π/3	Hexagonal 3-rotatif	C3	p3	R3
NON	2π/4	Carré 4-rotatif	C4	p4	R4
NON	2π/6	Hexagonal 6-rotatif	C6	p6	R6

OUI — Combien y a-t-il de directions d'axe de symétrie ?

Miroir	Directions d'axe de symétrie	Y a-t-il des rotations entre les mailles ? De quel angle ?	Glissage ?	Famille	Nom des groupes	Nom des cristallographe	Nom du Kangourou
OUI	0	0		Rectangulaire glissant	D1gg	pg	M0g
OUI	0	2π/2		Rectangulaire biglissant	D2gggg	pgg	M0R2
OUI	1	0	NON	Rectangulaire monosymétrique	D1kk	pm	M1
OUI	1	0	OUI	Rhombique monosymétrique	D1kg	cm	M1g
OUI	1	2π/2		Rectangulaire glissant symétrique	D2kkgg	pmg	M1R2
OUI	2	0		Rectangulaire bisymétrique	D2kk	pmm	M2
OUI	2	2π/2		Rhombique bisymétrique	D2kgkg	cmm	M2R2
OUI	2	2π/4		Carré 4-rotatif glissant	D_4^0	p4g	M2R4
OUI	3	0		Hexagonal tri-symétrique	D_3^0	p3m1	M3
OUI	3	2π/3		Hexagonal 3-rotatif symétrique	D_3^*	p31m	M3R3
OUI	4			Carré totalement symétrique	D_4^*	p4m	M4
OUI	6			Hexagonal totalement symétrique	D_6	p6m	M6

Les 17 pavages du plan

C'est le cristallographe Fedorov (Annales de l'Université de Saint-Petersbourg-1891) qui a montré l'existence et l'heptadécacité des familles de pavages. Sur ce tableau, la notation de la deuxième colonne est celle d,

Ils ont parlé des pavages

Tous ceux qui ont commencé à s'intéresser aux pavages se sont retrouvés "piégés" : ils ont regardé, ils ont compris certaines choses, ils ont pris leurs crayons, leurs ciseaux ou leur ordinateur, ils ont essayé, ils se sont émerveillés de leurs propres créations ou de l'immensité des variations possibles, et ils se sont retrouvés pris par la passion…

Nombreux sont donc les livres sur le sujet.

Pour notre part, nous avons étudié avec profit et apprécié les quelques-uns ci-contre.

- **F. J. Budden *La fascination des groupes*, OCDL, Paris, 1976**
- **H. S. M. Coxeter *Introduction to geometry* John Wiley and sons, 1961**
- **H. S. M. Coxeter & W. O. J. Moser *Generators and relations for discrete groups*, Springer Berlin, 1965**
- **M. C. E. Escher, en particulier : *Visions* de Doris Schattschneider, Éditions du Seuil, Paris, 1992**
- **B. Grünbaum & G. C. Shephard : *Tilings and patterns*, Freeman, New-York, 1987**
- **P. Jullien : *Dessins, groupes et ordinateurs*, Irem de Grenoble et LA 7, 1978**
- **Ch. Leger : *Ornementations*, Irem de Paris, 1979**
- **R. Raba : *Le secret des pavages*, éditions du Moulin, Orléans, 1991.**

Et c'est en fouillant dans les vieux bouquins que nous avons retrouvé deux petites merveilles dont nous vous offront ici quelques extraits :

— **Le Sphinx**, revue Périodique des Questions Récréatives (voir page 52) ;

— **Le Secret des Dallages anciens et modernes** de René Kœchlin.

Ce dernier classe les "dallages-mosaïques" en quatre systèmes géométriques :

I. Le carré et ses deux dérivés : le triangle rectangle à deux côtés égaux, et l'octogone.

II. Le triangle isocèle et ses deux dérivés : le losange et l'hexagone.

III. Les cercles dont les centres sont disposés en triangles équilatéraux.

IV. Les cercles dont les centres sont disposés en carrés.

II

III

IV

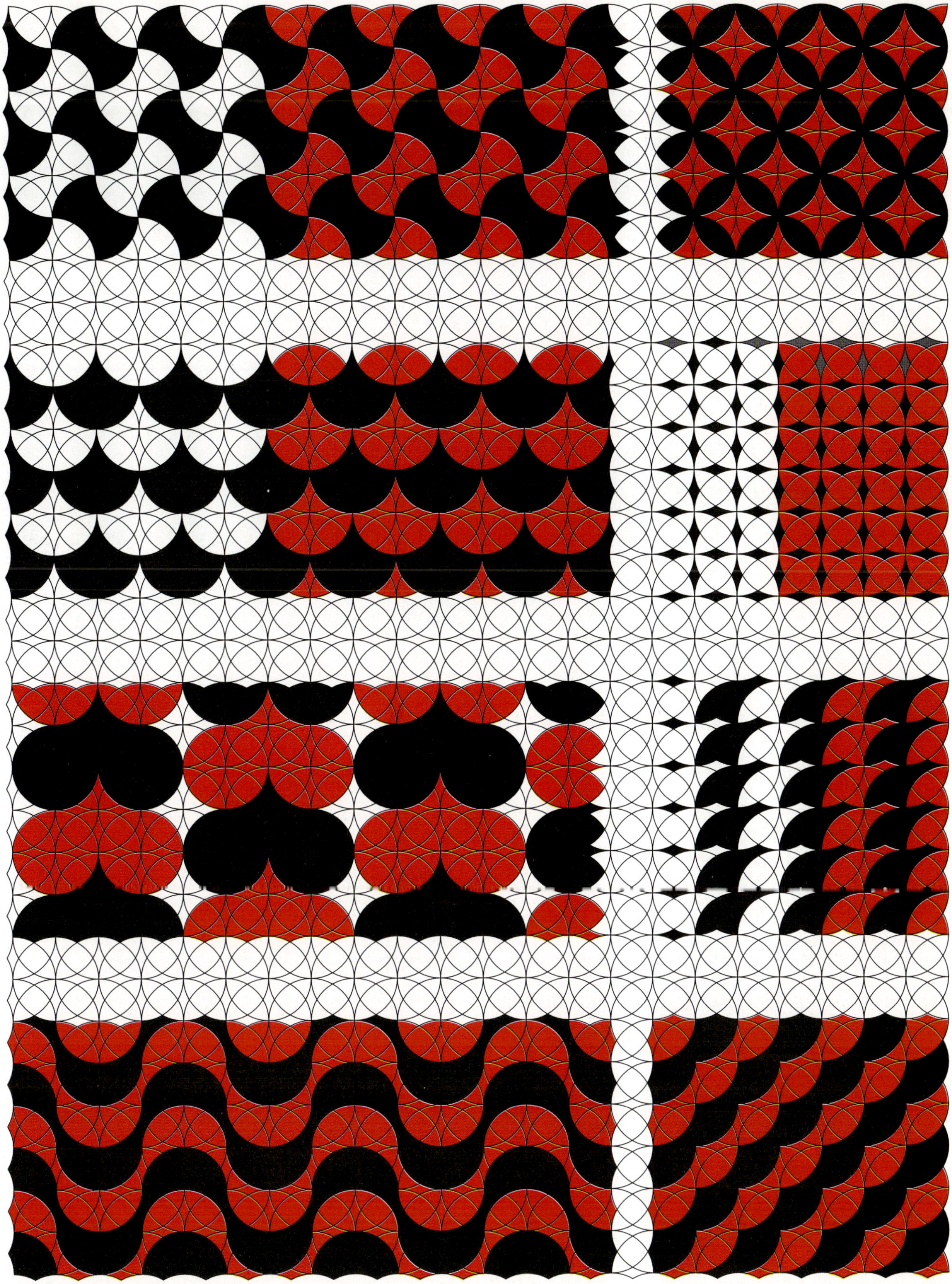

Les carrelages du Sphinx

D. R. E. P. Jacobs

V*oici la couverture du premier numéro du Sphinx et, ci-après, le joli article de M. Kraïtchik sur les carrelages qui ouvre ce numéro et que nous nous sommes permis de colorier.*

En assemblant des carreaux d'une certaine forme, on arrive à couvrir entièrement une surface donnée. Par exemple, par l'emploi exclusif de rectangles et carrés on trouve l'assemblage de la figure suivante :

fig. 1

Les dimensions sont : pour le carré 1×1, pour le rectangle : 2×4.

(*) De nombreux livres furent édités pour s'amuser en mathématiques : par exemple, *Récréations arithmétiques* ou *Curiosités géométriques* de **Fourrey** et *Avec des nombres et des lignes* de **Sainte Laguë**.

Les assemblages les plus curieux sont peut-être ceux qu'on obtient en déformant le triangle, le carré ou l'hexagone. Ainsi pour la déformation d'un carré on peut constituer l'"échiquier cubiste" que nous donnons ci-contre (fig. 2).

fig. 2

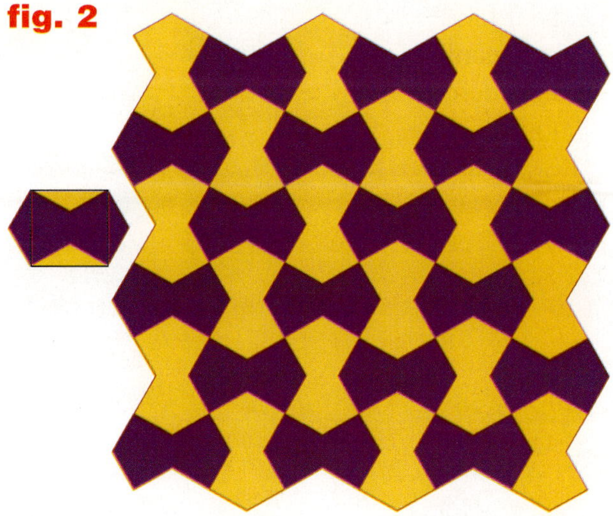

On doit à M. le Major Macmahon une étude systématique des assemblages obtenus par une déformation de trois figures : le triangle, le carré et l'hexagone, pouvant constituer un assemblage régulier. Nous donnons ci-dessous quelques figures qui nous ont été inspirées par ce travail. Nous les avons toutes coloriées en un nombre minimum de couleurs. Nous allons les examiner séparément.

fig. 3

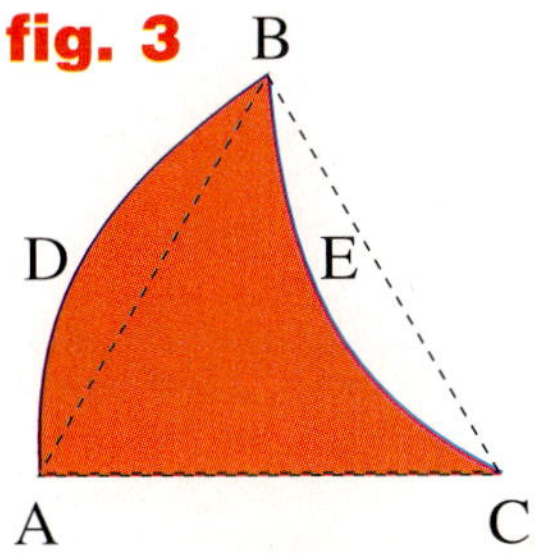

On peut faire subir au triangle équilatéral une déformation qu'on peut qualifier de régulière et qui est telle que la surface du triangle n'est pas altérée (fig. 3 et 4). Par un assemblage convenable de ces triangles curvilignes, on arrive à couvrir entièrement une surface plane (fig. 5 et 6).

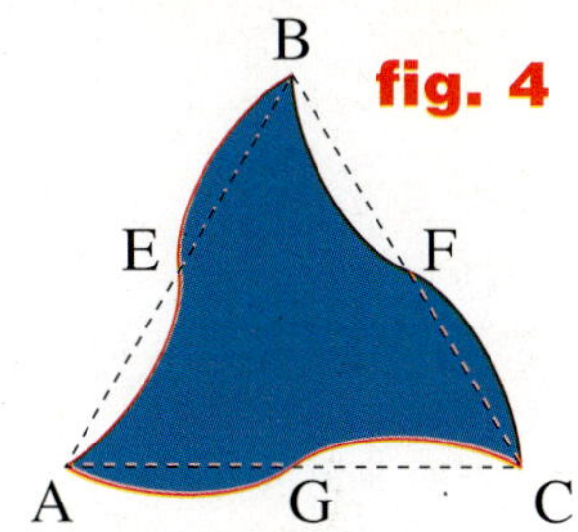

fig. 4

fig. 5

Le carré peut subir une déformation analogue (fig. 7 et 8).

fig. 7

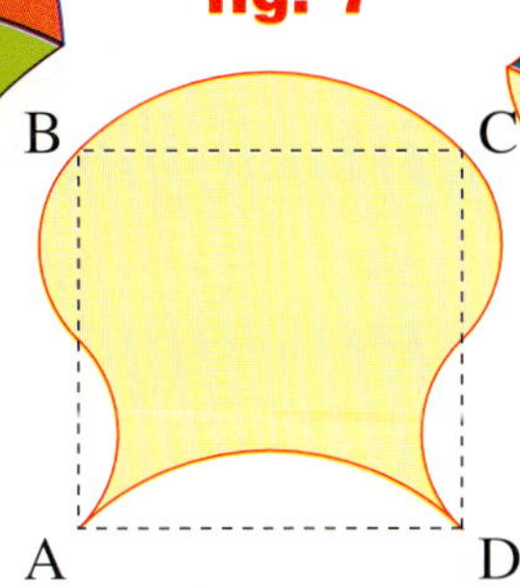

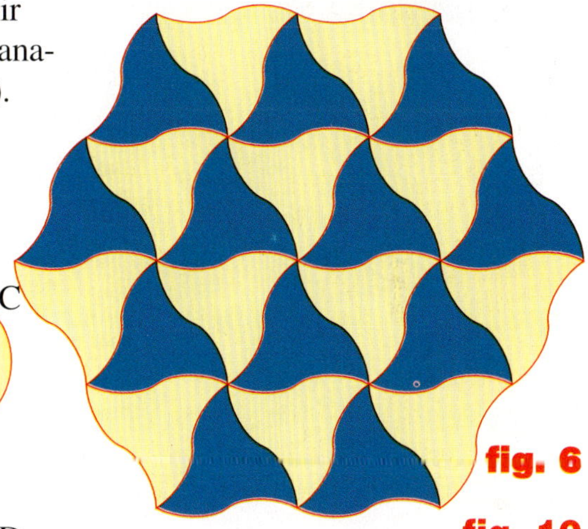

fig. 6

fig. 9

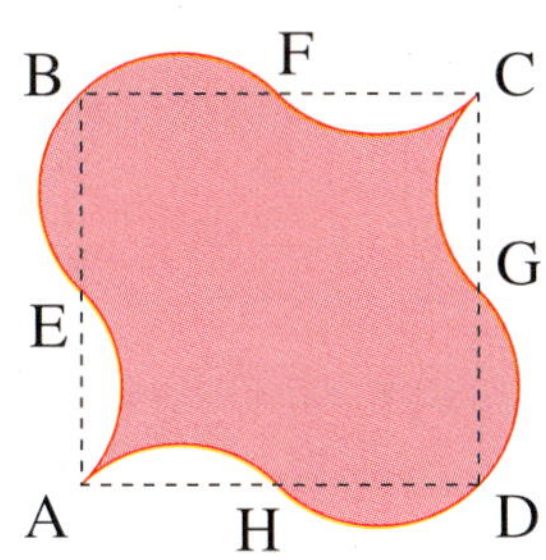

fig. 8

Par un assemblage convenable de ces figures, on constitue un échiquier déformé (fig. 9 et 10).

fig. 10

On peut faire subir au carré d'autres déformations comme celles qui sont indiquées aux fig. 11, 12 et 13.

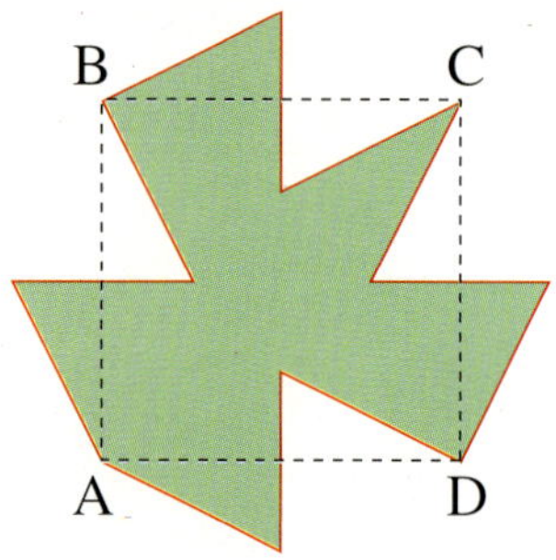

fig. 11

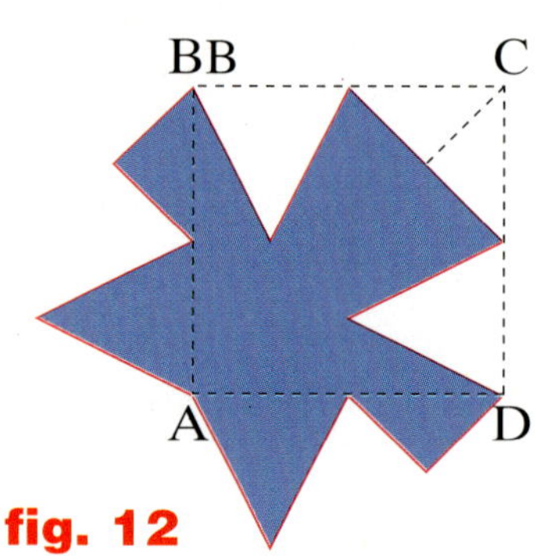

fig. 12

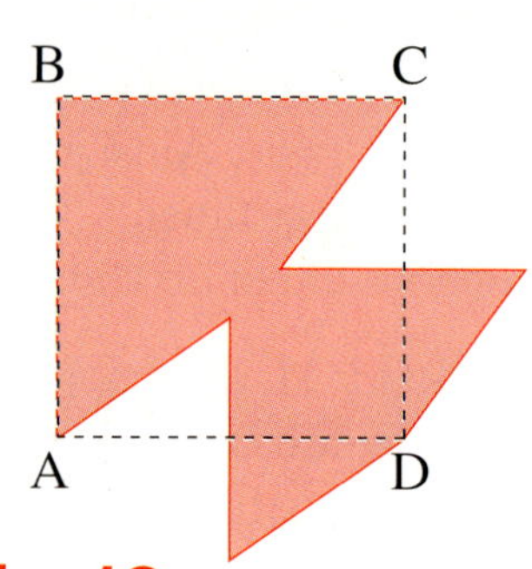

fig. 13

fig. 14

Par un assemblage convenable de ces carrés déformés, on couvre une surface plane.
Nous donnons ici différents aspects de ces assemblages (fig. 14 à 19).

fig. 15

fig. 16

fig. 17

fig. 18

fig. 19

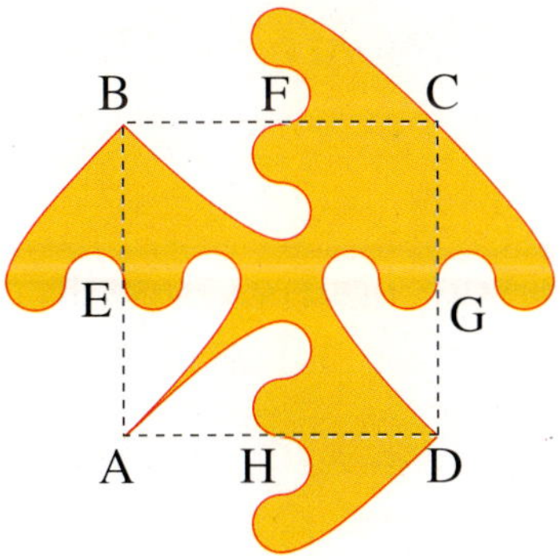

fig. 20

On arrive à déformer le carré de telle façon qu'on puisse difficilement reconnaître dans la figure déformée une origine rectiligne (fig. 20).

Voici un assemblage de ces figures déformées (fig. 21).

fig. 21

L'hexagone peut également subir des modifications analogues (fig. 22 et 23).

fig. 22

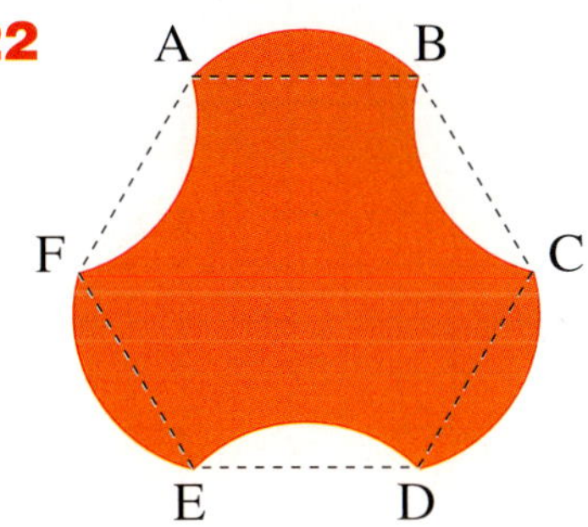

Par leur assemblage on constituera "le tricolore de fantaisie (fig. 24 et 25)".

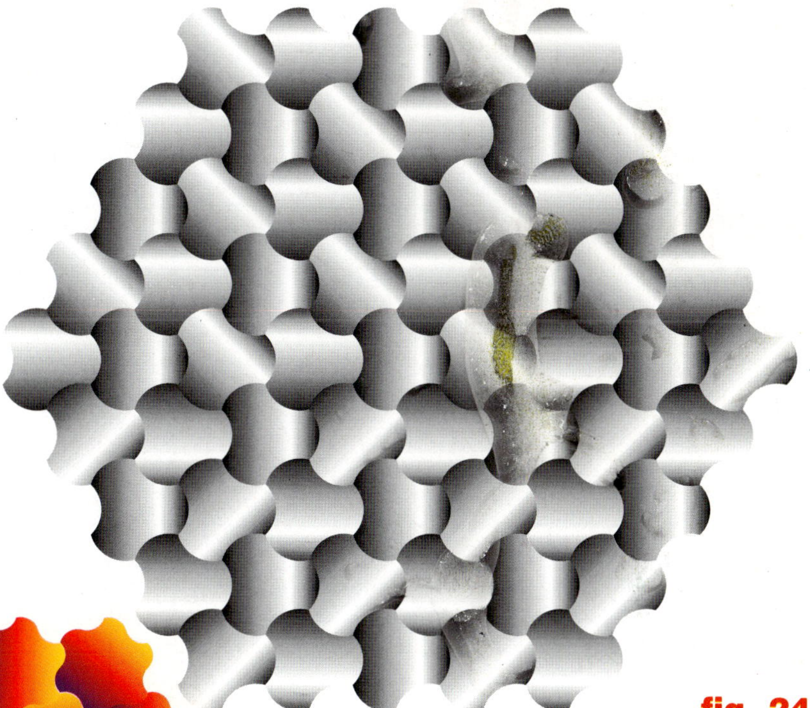

fig. 24

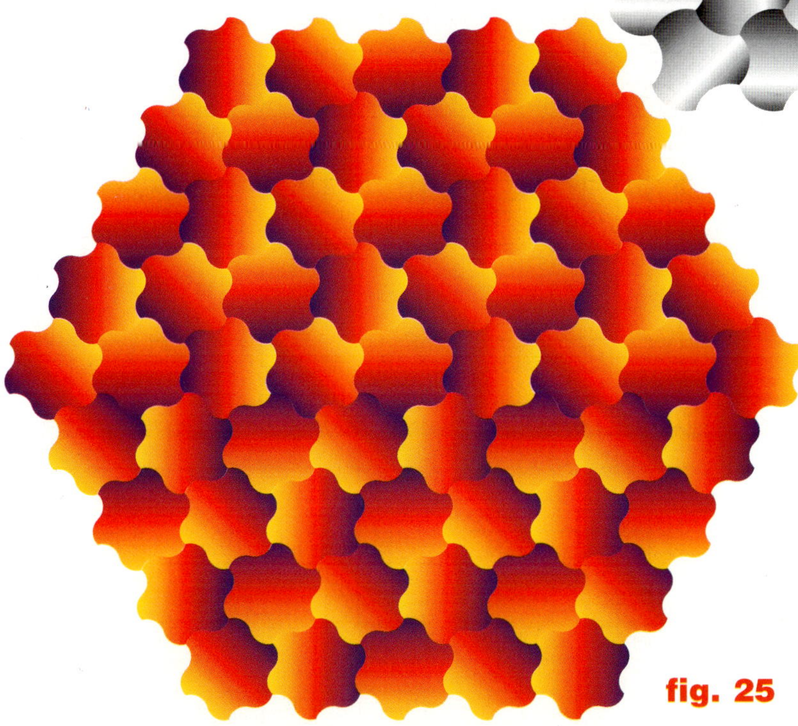

fig. 25

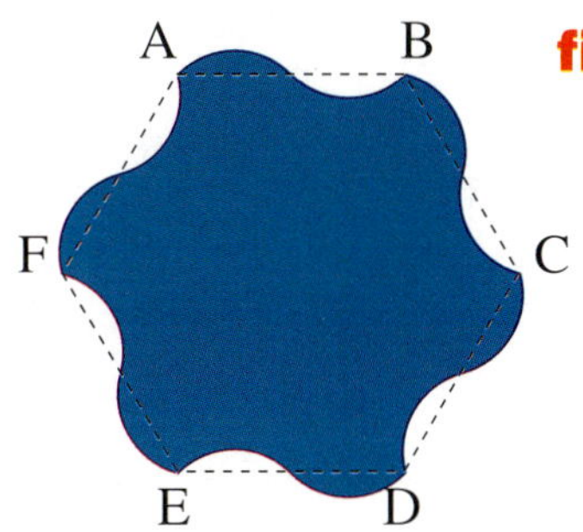

fig. 23

Trames et coloriages

Les huit pages suivantes vous proposent des “trames” sur lesquelles vous pourrez travailler (avec ou sans calque) et donner libre cours à votre créativité.
À photocopier, utiliser et colorier librement…

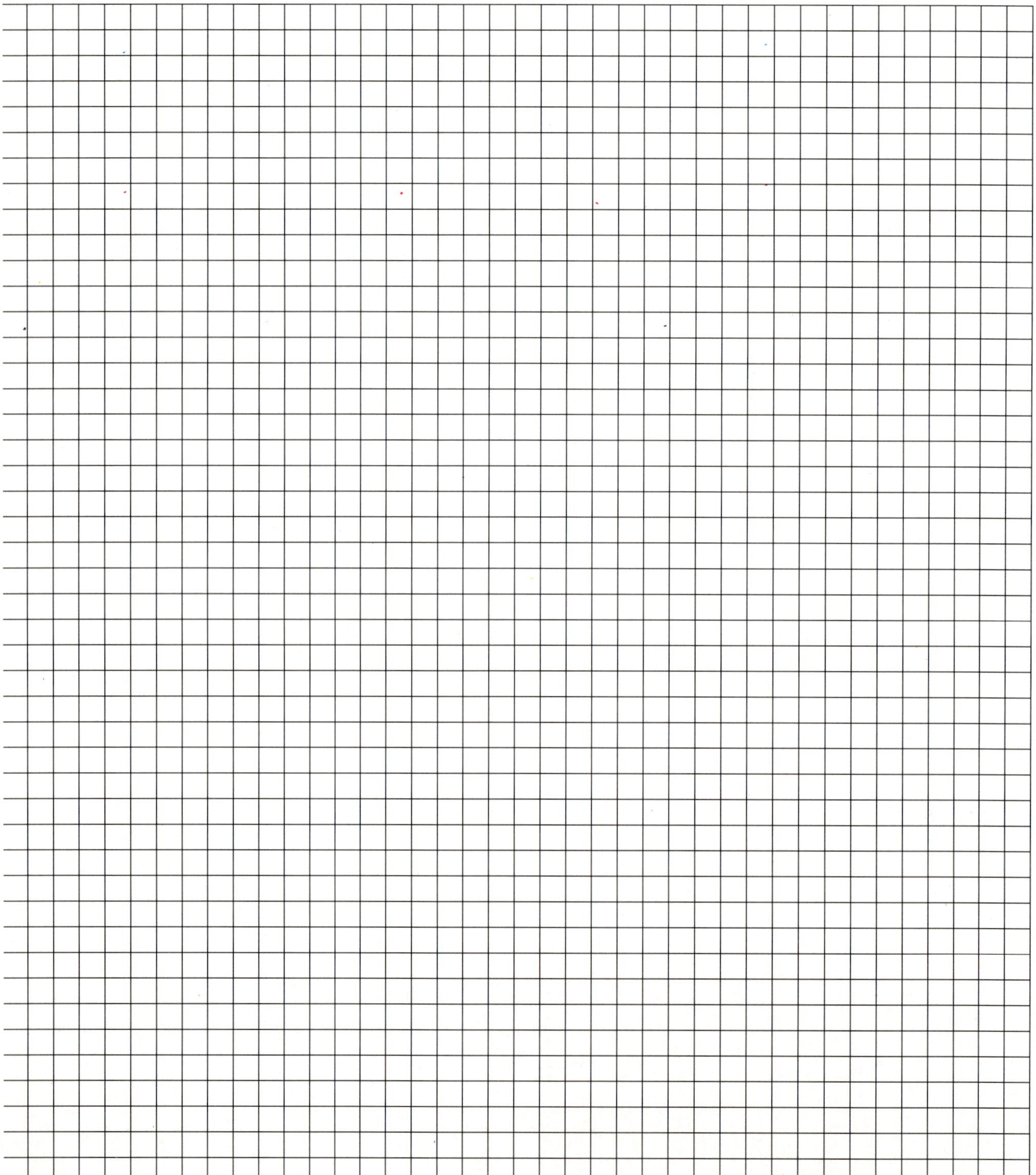